Ferramentas espectroscópicas na análise de compostos orgânicos

uma aproximação descomplicada

Caroline Da Ros Montes D'Oca

intersaberes

inter saberes

Rua Clara Vendramin, 58 | Mossunguê
CEP 81200-170 | Curitiba-PR | Brasil
Fone: (41) 2106-4170
www.intersaberes.com
editora@intersaberes.com

Dados Internacionais de Catalogação na Publicação (CIP)
(Câmara Brasileira do Livro, SP, Brasil)

D'Oca, Caroline da Ros Montes
  Ferramentas espectroscópicas na análise de compostos orgânicos: uma aproximação descomplicada/ Caroline da Ros Montes D'Oca. Curitiba: InterSaberes, 2021.
  (Série Panorama da Química)

  Bibliografia.
  ISBN 978-65-5517-991-0

  1. Análise espectral 2. Compostos orgânicos – Espectros I. Título. II. Série.

21-58311   CDD-543.5

Índices para catálogo sistemático:
1. Espectroscopia: Química orgânica   543.5

Cibele Maria Dias – Bibliotecária – CRB-8/9427

Conselho editorial
- Dr. Ivo José Both (presidente)
- Drª. Elena Godoy
- Dr. Neri dos Santos
- Dr. Ulf Gregor Baranow

Editora-chefe
- Lindsay Azambuja

Gerente editorial
- Ariadne Nunes Wenger

Assistente editorial
- Daniela Viroli Pereira Pinto

Preparação de originais
- Ana Maria Ziccardi

Edição de texto
- Monique Francis Fagundes Gonçalves
- Palavra do Editor
- Caroline Rabelo Gomes

Capa e projeto gráfico
- Luana Machado Amaro (*design*)
- Africa Studio/Shutterstock (imagem)

Diagramação
- Sincronia Design

Designer responsável
- Luana Machado Amaro

Iconografia
- Sandra Lopis da Silveira
- Regina Claudia Cruz Prestes

1ª edição, 2021.

Foi feito o depósito legal.

Informamos que é de inteira responsabilidade da autora a emissão de conceitos.

Nenhuma parte desta publicação poderá ser reproduzida por qualquer meio ou forma sem a prévia autorização da Editora InterSaberes.

A violação dos direitos autorais é crime estabelecido na Lei n. 9.610/1998 e punido pelo art. 184 do Código Penal.

Sumário

Apresentação 5

Como aproveitar ao máximo este livro 9

Capítulo 1
Introdução à espectroscopia 15

1.1 Definições 16

1.2 Relações entre energia e radiação eletromagnética 19

1.3 Principais técnicas espectroscópicas de análise 21

Capítulo 2
Espectroscopia no ultravioleta 31

2.1 O fenômeno envolvido nas transições eletrônicas 32

2.2 Princípios da absorção 36

2.3 Espectros de ultravioleta 39

2.4 Grupos cromóforos 43

2.5 Principais aplicações da espectroscopia UV-VIS 50

Capítulo 3
Espectroscopia do infravermelho 64

3.1 A absorção e os diferentes tipos de ligações 65

3.2 Como explorar e interpretar um espectro de infravermelho 84

3.3 Exemplos representativos de espectros de infravermelho 91

Capítulo 4
Espectrometria de massas 114
4.1 Um breve histórico 115
4.2 Como a ionização dos analitos acontece: métodos de ionização 121
4.3 Análise dos fragmentos gerados: analisadores de massas 134
4.4 Informações geradas pela espectrometria de massas 137

Capítulo 5
Espectroscopia de ressonância magnética nuclear 172
5.1 Princípios básicos de RMN 173
5.2 O espectro de RMN de ^{1}H 185
5.3 O espectro de RMN de ^{13}C 196
5.4 Solventes deuterados 200

Considerações finais 212
Referências 215
Bibliografia comentada 218
Respostas 220
Sobre a autora 222

Apresentação

A identificação inequívoca de compostos orgânicos é importante nas mais diversas áreas das ciências, incluindo aplicações forenses, farmacêuticas e alimentícias, bem como nos campos de ciência dos materiais, energia e meio ambiente. Conhecer os constituintes presentes em alimentos, medicamentos e produtos de higiene e cuidado pessoal é apenas um dos vários exemplos que ilustram a relação desses compostos com nossa vida no cotidiano. Assim como as ferramentas de linguagem estabelecem a comunicação entre os indivíduos, a espectroscopia é um dos principais meios de interlocução entre o nível molecular e estrutural e o ambiente externo. Conhecer sua constituição, identidade e arranjo tridimensional, além de possibilitar a compreensão das propriedades físicas e químicas, permite propor modificações com vistas a expandir e aprimorar essas propriedades e desenvolver novos materiais e novas moléculas, de modo a atender a desafios alinhados com o desenvolvimento da sociedade como um todo.

Muitas das técnicas utilizadas originalmente para distinguir grupos funcionais, por exemplo, eram baseadas em testes de reatividade, resultando na mudança de coloração ou na precipitação de compostos no meio de teste. Ainda hoje, essas metodologias fazem parte de protocolos experimentais e são empregadas em diferentes aplicações do ramo da química.

Este livro foi elaborado para apresentar, de forma simples e objetiva, aspectos essenciais das principais técnicas empregadas como ferramentas para o entendimento da constituição química de compostos orgânicos. Destina-se a químicos, farmacêuticos, físicos e engenheiros que desejam compreender as bases estruturais e moleculares associadas às respostas obtidas em cada análise espectroscópica, além de interpretar com facilidade os resultados gerados e auxiliar na identificação das mais diversas substâncias que podem ser analisadas.

Para atender a esse objetivo, a obra foi estruturada em cinco capítulos, ao longo dos quais os conceitos de cada técnica – ultravioleta, infravermelho, ressonância magnética nuclear e espectrometria de massas – serão explorados de forma integrada e com exemplos de aplicações práticas, apresentando-se a contextualização e a relevância dos experimentos.

No Capítulo 1, destacaremos as principais definições envolvidas nas discussões espectroscópicas, como onda, frequência e energia, e as relações entre radiação eletromagnética e energia. No decorrer do texto, você, leitor, será conduzido à percepção de como a interação entre a radiação eletromagnética e a matéria é explorada em cada técnica espectroscópica contemplada nos capítulos seguintes.
O objetivo principal desse capítulo é introduzir a temática do livro, elucidando conceitos fundamentais para a compreensão dos fenômenos envolvidos em cada técnica espectroscópica.

No Capítulo 2, abordaremos a espectroscopia na região do ultravioleta (UV), examinando alguns aspectos históricos e as razões pelas quais ele pode ser considerado um dos métodos analíticos mais utilizados nas áreas de química ambiental, alimentos, bebidas, materiais, entre outras. Embora muito útil na determinação estrutural de compostos químicos, ao longo do tempo, essa técnica foi perdendo espaço para outras mais elaboradas, já que a maioria das moléculas orgânicas é transparente entre 190 nm a 800 nm. Apesar disso, informações úteis podem ser obtidas por meio da análise espectroscópica dessa região do espectro e, em conjunto com outras ferramentas de análise, dados valiosos podem ser gerados. Nesse capítulo, será explicada a importância da lei de Beer-Lambert, que permite relacionar as medidas espectroscópicas às concentrações das soluções, fazendo do UV um dos detectores mais empregados em associação a métodos cromatográficos de separação.

No Capítulo 3, trataremos da espectroscopia na região do infravermelho, que envolve os fenômenos de absorção de energia. Nele, serão analisados os principais conceitos envolvidos na espectroscopia do infravermelho, as origens moleculares associadas às respectivas frequências de absorção e como a posição, o formato e a intensidade das bandas podem ser utilizados para identificar grupos funcionais presentes em compostos orgânicos.

A espectrometria de massas (EM), poderosa ferramenta analítica empregada em todas as áreas de fronteira da ciência, é tema do Capítulo 4. Você será apresentado às razões que levam ao sucesso da técnica, especialmente com relação à sensibilidade e à seletividade alcançadas por meio da EM, tornando seu uso amplamente difundido em matrizes que incluem as áreas biológicas e bioquímicas, como em estudos de metabolismo ou de diagnóstico de doenças, estudos envolvendo a química ambiental, em amostras de água, solo, ar e esgoto. Alguns aspectos históricos acerca da evolução dos espectrômetros também serão enfocados, discutindo-se como ocorrem a fragmentação das moléculas e a formação dos íons e como a separação desses íons, em função das diferentes razões massa/carga (m/z), fornece informações que permitem identificar os compostos.

No Capítulo 5, abordaremos a espectroscopia de ressonância magnética nuclear (RMN), uma das mais importantes ferramentas de análise em química. Trata-se reconhecidamente de uma das técnicas mais empregadas pelos químicos orgânicos para a elucidação de estruturas químicas e cujas fronteiras de atuação vêm sendo expandidas para a química de materiais, solo, alimentos, bebidas, em estudos ambientais, e para o diagnóstico de doenças. Nesse capítulo, exploraremos os conceitos físicos envolvidos no fenômeno de ressonância, quais características tornam os núcleos de alguns átomos sensíveis à precessão e de que forma as informações contidas nos espectros são utilizadas para a identificação dos compostos. Você, leitor, compreenderá quais tipos de informações são gerados e como estas podem ser exploradas, bem como conhecerá a versatilidade da RMN como ferramenta científica.

Esperamos que a leitura deste livro possa ajudá-lo a perceber, de forma descomplicada, as possibilidades e a importância das técnicas espectroscópicas como instrumento para a identificação dos compostos orgânicos, contribuindo também para sua formação no âmbito científico. Para tanto, procuramos estabelecer um elo entre textos básicos e de nível avançado, instigando sua curiosidade para a busca por bibliografias complementares, indicadas ao final da obra.

Boa leitura!

Como aproveitar ao máximo este livro

Empregamos nesta obra recursos que visam enriquecer seu aprendizado, facilitar a compreensão dos conteúdos e tornar a leitura mais dinâmica. Conheça a seguir cada uma dessas ferramentas e saiba como estão distribuídas no decorrer deste livro para bem aproveitá-las.

Introdução do capítulo
Logo na abertura do capítulo, informamos os temas de estudo e os objetivos de aprendizagem que serão nele abrangidos, fazendo considerações preliminares sobre as temáticas em foco.

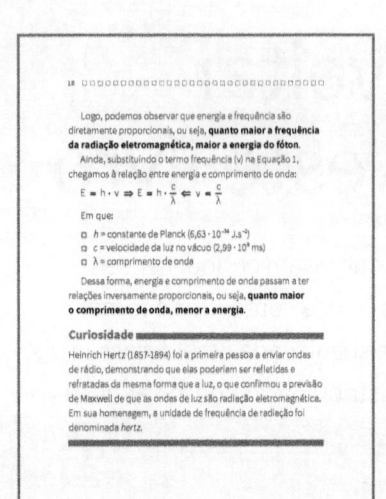

Curiosidade
Nestes boxes, apresentamos informações complementares e interessantes relacionadas aos assuntos expostos no capítulo.

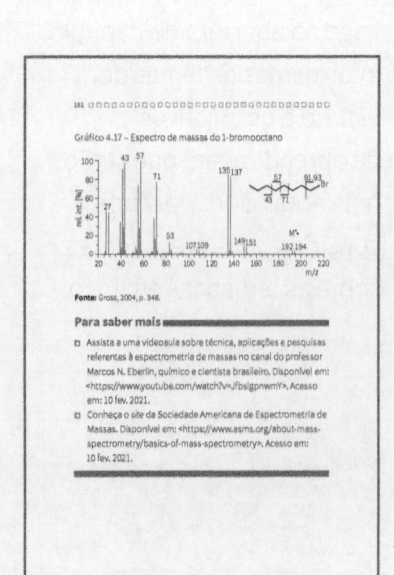

Para saber mais
Sugerimos a leitura de diferentes conteúdos digitais e impressos para que você aprofunde sua aprendizagem e siga buscando conhecimento.

> **Importante!**
> Ao final de cada capítulo, relacionamos as principais informações nele abordadas a fim de que você avalie as conclusões a que chegou, confirmando-as ou redefinindo-as.

> **Preste atenção!**
> Apresentamos informações complementares a respeito do assunto que está sendo tratado.

Fique atento!
Ao longo de nossa explanação, destacamos informações essenciais para a compreensão dos temas tratados nos capítulos.

Síntese
Ao final de cada capítulo, relacionamos as principais informações nele abordadas a fim de que você avalie as conclusões a que chegou, confirmando-as ou redefinindo-as.

Atividades de autoavaliação

Apresentamos estas questões objetivas para que você verifique o grau de assimilação dos conceitos examinados, motivando-se a progredir em seus estudos.

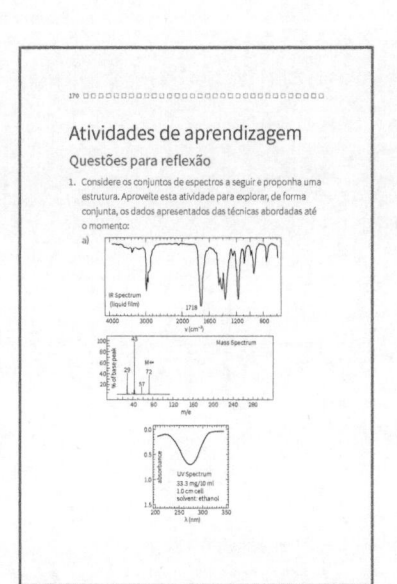

Atividades de aprendizagem

Aqui apresentamos questões que aproximam conhecimentos teóricos e práticos a fim de que você analise criticamente determinado assunto.

Bibliografia comentada

Nesta seção, comentamos algumas obras de referência para o estudo dos temas examinados ao longo do livro.

Bibliografia comentada

BARBOSA, L. C. de A. **Espectroscopia no infravermelho na caracterização de compostos orgânicos**. Viçosa: Ed. UFV, 2007.

Esse livro aborda diversos aspectos da espectroscopia no infravermelho, desde fundamentação teórica, instrumentação e preparo de amostras, além da clássica interpretação e análise de grupos funcionais. De leitura fácil, é um excelente material de apoio para aprofundar os conhecimentos sobre a técnica.

BRUICE, P. **Química orgânica**. 4. ed. São Paulo: Pearson Education do Brasil, 2006.

Esse é um livro-texto básico, que enfoca os conteúdos clássicos com uma abordagem excepcionalmente didática, além de muito bem ilustrado com exemplos contextualizados ao longo de cada capítulo. Os capítulos dedicados ao estudo das ferramentas espectroscópicas também recebem um tratamento bastante didático.

DUCKETT, S.; GILBERT, B.; COCKETT, M. **Foundations of Molecular Structure Determination**. Oxford: Oxford University Press, 2000.

Esse livro é um dos exemplares que compõem a clássica série publicada pela Oxford University Press, cuja abordagem é conhecida por ser de leitura fácil, explorando com excelência textual e ilustrativa os conceitos inerentes às temáticas dos volumes. Nesse exemplar, as ferramentas de análise para determinação de estruturas moleculares são descritas com riqueza de detalhes. É uma leitura indispensável para quem busca complementar a formação técnico-científica.

Capítulo 1

Introdução à espectroscopia

Neste capítulo, apresentaremos as principais definições envolvidas nas discussões espectroscópicas, como onda, frequência e energia, bem como as relações entre radiação eletromagnética e energia.

Durante a exposição, veremos como a interação entre a radiação eletromagnética e a matéria é explorada em cada técnica espectroscópica abordada ao longo do livro. O objetivo principal do capítulo é introduzir a temática do livro, com a abordagem de conceitos fundamentais para a compreensão dos fenômenos envolvidos nas técnicas espectroscópicas.

1.1 Definições

Segundo a International Union of Pure and Applied Chemistry (IUPAC), a espectroscopia é o estudo da interação entre a matéria e a radiação eletromagnética. Esse estudo teve início com a análise da luz visível, mais notadamente os estudos fundamentais de espectros brutos de luz solar realizados por Isaac Newton, em 1672, expandindo-se para a análise de espectros em toda a faixa do espectro eletromagnético.

Essa vasta faixa de frequência se correlaciona com uma faixa igualmente ampla de transições de energia, necessárias para permitir a absorção e a emissão de radiação eletromagnética. O termo *espectroscopia*, portanto, abrange uma gama de técnicas distintas que englobam fenômenos como excitação de elétrons, vibrações e rotações moleculares. Cada fenômeno pode fornecer informações qualitativas e quantitativas valiosas sobre as propriedades físicas e químicas dos materiais em estudo.

Essa radiação eletromagnética é a propagação da energia na forma de ondas eletromagnéticas que, dependendo de seu comprimento de onda (λ) e de frequência (ν), provocarão diferentes respostas sobre a amostra.

O comprimento de onda, representado pela letra grega lambda (λ), é definido pela distância entre dois pontos (x–x') na mesma fase da onda, como ilustra a Figura 1.1(A).

A frequência, representada pela letra grega ni (ν), corresponde ao número de ciclos em que o ponto imaginário x passa por um ponto fixo z, por segundo, como ilustra a Figura 1.1(B).

A frequência é dada pela razão entre a velocidade da luz no vácuo (c, 2,99 x 10^8 ms) e o comprimento de onda λ.

Figura 1.1 – Representações de comprimento de onda (A) e de frequência (B)

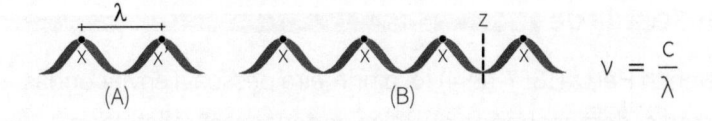

$$\nu = \frac{c}{\lambda}$$

Ambas as grandezas estão diretamente relacionadas à energia do fóton (eV ou J), por meio da equação de Planck-Einstein:

Equação 1

$E = h \cdot \nu$

Em que:

- h = constante de Planck (6,63 · 10^{-34} J.s^{-1})
- ν = frequência

Logo, podemos observar que energia e frequência são diretamente proporcionais, ou seja, **quanto maior a frequência da radiação eletromagnética, maior a energia do fóton.**

Ainda, substituindo o termo frequência (ν) na Equação 1, chegamos à relação entre energia e comprimento de onda:

$$E = h \cdot \nu \Rightarrow E = h \cdot \frac{c}{\lambda} \Leftarrow \nu = \frac{c}{\lambda}$$

Em que:

- h = constante de Planck (6,63 · 10^{-34} J.s^{-1})
- c = velocidade da luz no vácuo (2,99 · 10^{8} ms)
- λ = comprimento de onda

Dessa forma, energia e comprimento de onda passam a ter relações inversamente proporcionais, ou seja, **quanto maior o comprimento de onda, menor a energia.**

Curiosidade

Heinrich Hertz (1857-1894) foi a primeira pessoa a enviar ondas de rádio, demonstrando que elas poderiam ser refletidas e refratadas da mesma forma que a luz, o que confirmou a previsão de Maxwell de que as ondas de luz são radiação eletromagnética. Em sua homenagem, a unidade de frequência de radiação foi denominada *hertz*.

1.2 Relações entre energia e radiação eletromagnética

Na Figura 1.2, a seguir, observamos a relação entre comprimentos de onda, frequência e energia envolvida em ondas de baixa frequência e energia (maior comprimento de onda), como as ondas de rádio, TV e internet, e em ondas de alta frequência e energia (menor comprimento de onda), como as ondas de raios X.

Figura 1.2 – Representação de diferentes comprimentos de onda e energia da radiação eletromagnética

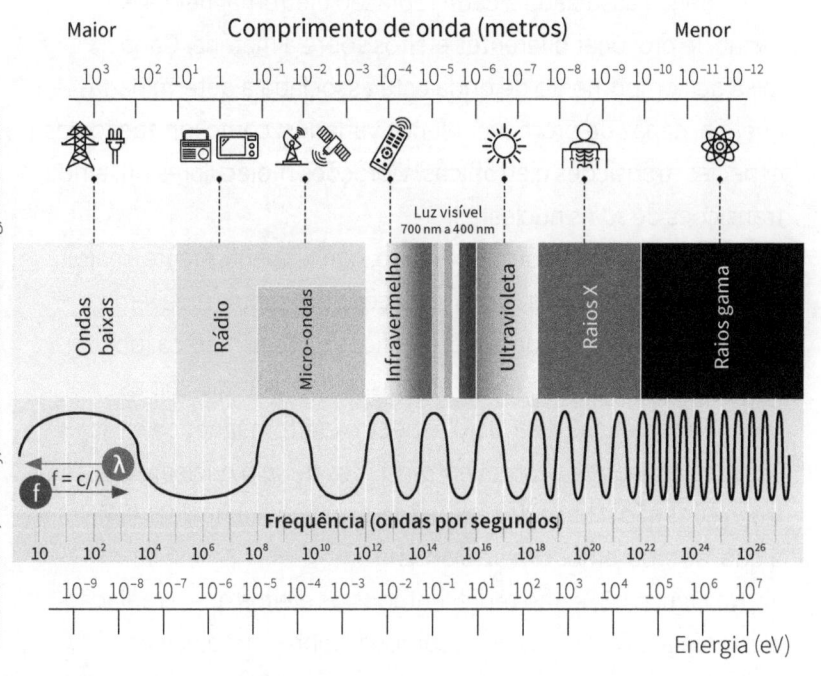

Fonte: Elaborado com base em Brito, 2013.

Curiosidade

James Clerk Maxwell (1831-1879) foi um físico escocês que estudou os fenômenos envolvendo luz e ondas. Em 1864, ele desenvolveu a teoria matemática que descreve todas as formas de radiação em termos de campos elétricos e magnéticos oscilantes, ou seja, na forma de ondas. Foi com base nesse modelo que surgiu a denominação *radiação eletromagnética* em referência a diferentes ondas (luz, micro-ondas, televisão, sinais de rádio e raios X).

A energia associada a cada radiação eletromagnética é capaz de provocar diferentes efeitos sobre a matéria. Cada faixa de comprimento de onda está associada a determinada energia, capaz de promover efeitos variados, como ionização das espécies, transições eletrônicas, vibrações moleculares ou, ainda, transições de *spins* nucleares.

Ondas de menor comprimento e, consequentemente, maior energia, como os raios X, são radiações ionizantes e devem ser utilizadas com cuidados específicos na área médica, por exemplo. As radiações na região das ondas de rádio são as menos energéticas de todo o espectro eletromagnético e são capazes apenas de promover transições de *spin* nucleares. Essas transições são a base da ressonância magnética nuclear (RMN), a qual abordaremos mais adiante.

Na Figura 1.3, estão representados os efeitos que a radiação eletromagnética é capaz de promover sobre as moléculas.

Figura 1.3 – Relações entre energia e efeitos moleculares da radiação eletromagnética

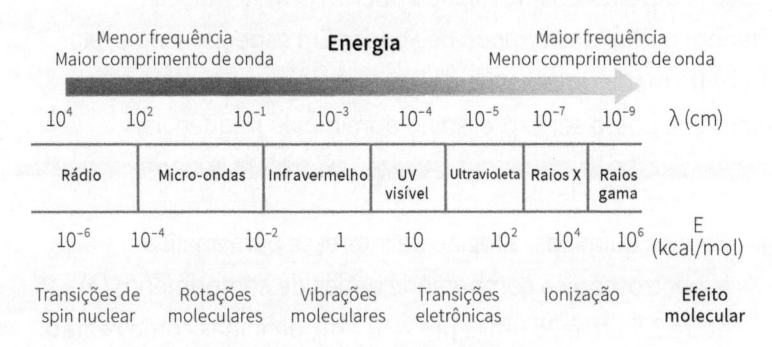

Menor frequência Maior comprimento de onda				**Energia**			Maior frequência Menor comprimento de onda	
10^4	10^2	10^{-1}	10^{-3}	10^{-4}	10^{-5}	10^{-7}	10^{-9}	λ (cm)
Rádio	Micro-ondas	Infravermelho		UV visível	Ultravioleta	Raios X	Raios gama	
10^{-6}	10^{-4}	10^{-2}	1	10	10^2	10^4	10^6	E (kcal/mol)
Transições de spin nuclear	Rotações moleculares	Vibrações moleculares		Transições eletrônicas		Ionização		Efeito molecular

1.3 Principais técnicas espectroscópicas de análise

Radiações entre 190 nm e 800 nm compreendem as regiões do ultravioleta (UV) e visível (VIS). Radiações dessa região têm energia suficiente para promover um elétron de seu estado fundamental para o estado excitado. Essas transições são denominadas **transições eletrônicas** e fornecem, como resultado, espectros de absorção, como observamos na Figura 1.4(A). A incidência de radiação eletromagnética entre 400 e 800 nm (1 nm = 10^{-9} m) corresponde à região do infravermelho.

Curiosidade

Você já deve ter ouvido falar da operação matemática denominada *transformada de Fourier*. Em espectroscopia, ela permite medir um sinal no domínio do tempo e transformá-lo para que possa ser expresso no domínio de frequência.

- Para os químicos, a região de interesse para análise espectroscópica compreende ondas de comprimento (λ) entre 2,5 µm e 25 µm (1 µm = 10^{-6} m), definidas como **região vibracional do espectro de infravermelho**. Nessa região, a energia associada é capaz de promover apenas ampliações na vibração natural das ligações químicas, gerando bandas características para cada tipo de ligação (e grupo funcional) no espectro de infravermelho, como observamos na Figura 1.1(B).

Uma das mais poderosas ferramentas de análise espectroscópica utilizada para elucidação estrutural é a ressonância magnética nuclear (RMN). A radiação compreendida na região das ondas de rádio é associada a transições de *spins* nucleares e, por meio desse fenômeno, informações únicas de conectividade entre os átomos (tipo de ligação química e quantidade de átomos envolvidos) são abstraídas de um único espectro de RMN, como observamos na Figura 1.4(C).

A partir da ionização e da fragmentação dos compostos orgânicos, gráficos de razão entre a massa do fragmento e a carga são gerados (*m/z*), fornecendo os típicos espectros de massas, como observamos na Figura 1.4(D). Esses dados são amplamente utilizados nas mais variadas áreas da ciência tanto na elucidação de estruturas orgânicas na área de produtos naturais quanto nas de alimentos, bioquímica e farmacêuticas.

Figura 1.4 – Espectros gerados pelas técnicas de espectroscopia na região do ultravioleta (A), do infravermelho (B), da ressonância magnética nuclear (C) e de espectrometria de massas (D)

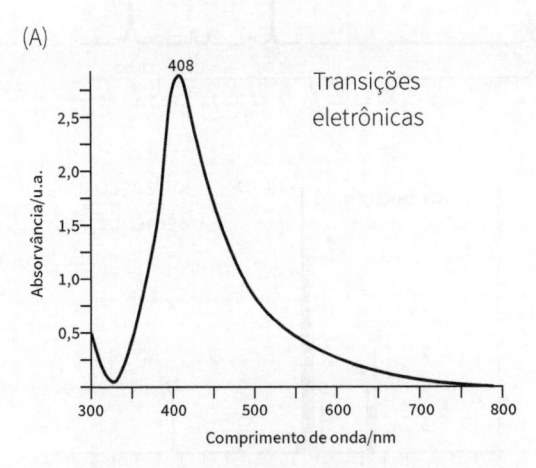

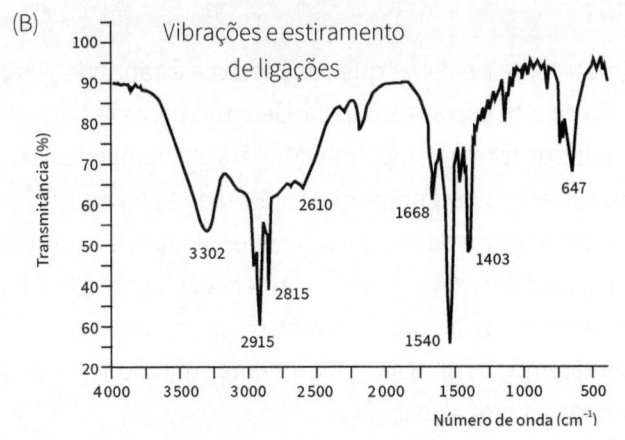

(A) Transições eletrônicas — 408; eixo y: Absorvância/u.a.; eixo x: Comprimento de onda/nm

(B) Vibrações e estiramento de ligações — 3302, 2915, 2815, 2610, 1668, 1540, 1403, 647; eixo y: Transmitância (%); eixo x: Número de onda (cm^{-1})

(continua)

(Figura 1.4 – conclusão)

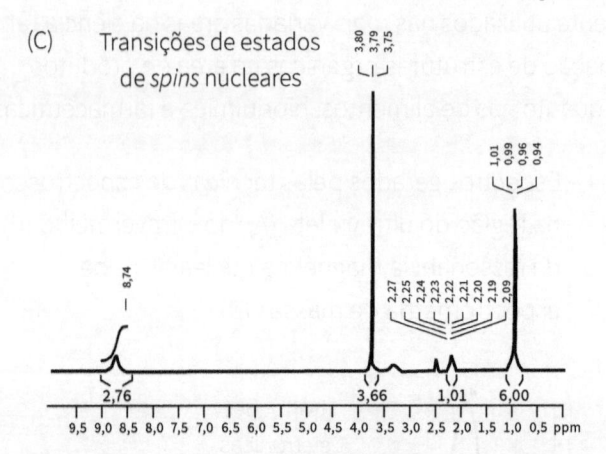

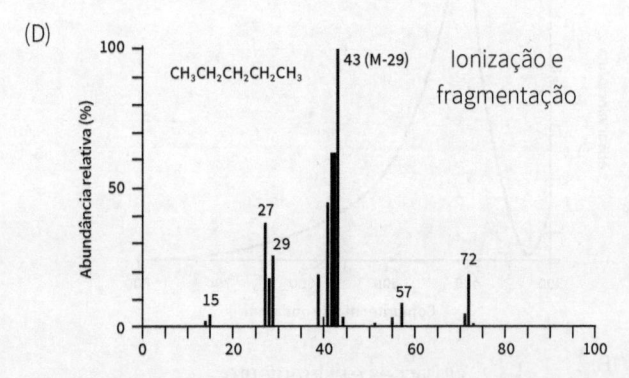

(C) Transições de estados de *spins* nucleares

(D) Ionização e fragmentação

É importante perceber que cada técnica é capaz de gerar um tipo de resposta espectroscópica. Geralmente, as técnicas são exploradas de forma complementar para, em conjunto, fornecer respostas para as perguntas que estão sendo analisadas com relação a determinada amostra: De que substância se trata? Está pura? Foi adulterada ou modificada? Nos capítulos seguintes, descreveremos cada uma dessas técnicas em detalhes e apresentaremos as principais ferramentas utilizadas na análise de compostos orgânicos.

Para saber mais

- Acesse o *site* da American Chemical Society para explorar um espectro eletromagnético interativo. Disponível em: <https://www.acs.org/content/acs/en/education/resources/undergraduate/chemistryincontext/interactives/radiation-from-sun/electromagnetic-spectrum.html>. Acesso em: 9 fev. 2021.
- Para se aprofundar no tema, resolva problemas de elucidação e identificação estrutural combinados oferecidos pelo Grupo Smith, da Universidade Notre Dame. Disponível em: <http://www.nd.edu/~smithgrp/structure/workbook.html>. Acesso em: 9 fev. 2021.

Síntese

Neste capítulo, abordamos os conceitos fundamentais associados à radiação eletromagnética e à forma como cada fenômeno espectroscópico se relaciona a determinada faixa do espectro eletromagnético por meio da energia.

Vimos que cada faixa de comprimento específico é capaz de produzir respostas físicas distintas na matéria e que a leitura dessas observações é utilizada como ferramenta de análise na identificação das substâncias.

Ainda, mostramos exemplos típicos de espectros obtidos em cada experimento e como esses resultados podem, de maneira complementar, levar à determinação inequívoca da natureza das amostras em estudo.

Atividades de autoavaliação

1. Assinale a alternativa correta sobre a descrição matemática da velocidade das ondas:
   a) O produto do comprimento de onda e da frequência.
   b) O produto da velocidade da luz e da frequência a.
   c) O produto do comprimento de onda e da velocidade da luz.
   d) A razão entre o comprimento de onda e a frequência.
   e) A razão entre a velocidade da luz e o comprimento de onda.

2. Analise as afirmativas a seguir e julgue se são verdadeiras (V) ou falsas (F):
   ( ) A energia da radiação eletromagnética é diretamente proporcional ao comprimento de onda.
   ( ) À medida que o comprimento de onda aumenta, a energia do fóton diminui.
   ( ) Ondas de rádio são mais energéticas que ondas de raios X.
   ( ) Ondas de raios X são de alta energia, pois são as ondas de maior comprimento de onda.
   ( ) Ondas de maior frequência têm comprimentos de onda menores e, consequentemente, maior energia.

   Agora, assinale a alternativa que indica a sequência correta:
   a) V, V, F, F, V.
   b) F, F, F, F, V.
   c) F, V, V, F, V.
   d) F, V, F, V, V.
   e) F, V, F, F, V.

3. Assinale a alternativa correta sobre radiações:
   a) Radiações compreendidas na faixa dos raios X contêm energia menor do que a de radiações na faixa de micro-ondas.
   b) Radiações compreendidas na faixa dos raios X contêm energia maior do que a de radiações na faixa de micro-ondas.
   c) O comprimento de onda de radiações na região do ultravioleta é maior do que o de radiações na região do infravermelho.
   d) Radiações na região do ultravioleta têm frequência menor do que a de radiações na região do infravermelho.
   e) Radiações na região das ondas de rádio têm frequência maior do que a de radiações na região do infravermelho.

4. Analise os diferentes tipos de radiação a seguir e, depois, assinale a alternativa que os lista corretamente em ordem crescente de energia:
   I. Luz verde de uma lâmpada de mercúrio.
   II. Raios X de equipamentos dentários.
   III. Micro-ondas de um forno de micro-ondas.
   IV. Uma estação de rádio transmitindo em 89,1 MHz.
   a) I, II, III, IV.
   b) II, I, III, IV.
   c) IV, II, III, I.
   d) IV, III, I, II.
   e) IV, III, II, I.

5. Analise as afirmativas a seguir e julgue se são verdadeiras (V) ou falsas (F):
   ( ) A luz visível é uma forma de radiação eletromagnética.
   ( ) A frequência de radiação aumenta à medida que o comprimento de onda aumenta.
   ( ) A luz ultravioleta tem comprimentos de onda maiores do que a luz visível.
   ( ) O calor de uma lareira, a energia em um forno de micro-ondas e o toque da buzina de navios são formas de radiação eletromagnética.
   ( ) A luz infravermelha tem frequências mais altas que a luz visível.

   Agora, assinale a alternativa que indica a sequência obtida:
   a) F, F, F, V, F.
   b) V, V, F, V, F.
   c) V, F, V, V, F.
   d) V, F, F, V, F.
   e) V, F, F, F, F.

Atividades de aprendizagem

Questões para reflexão

1. Considere as duas ondas ilustradas a seguir, que representam duas radiações eletromagnéticas distintas.

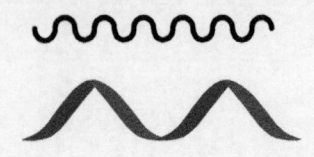

a) Qual das ondas representadas está relacionada ao maior comprimento de onda?
b) Qual das ondas apresenta maior frequência?
c) Os semáforos de trânsito organizam o fluxo de circulação veicular e de pedestres utilizando o padrão formado pelas cores verde e vermelha, que são associados às ações de seguir adiante ou permanecer parado. Com relação às cores utilizadas nos semáforos, com quais das ondas citadas é possível estabelecer analogia com as cores verde e vermelha, respectivamente?

2. Os raios do Sol que causam o bronzeamento e as queimaduras de pele estão na porção ultravioleta do espectro eletromagnético. Esses raios são categorizados pelo comprimento de onda: a radiação UV-A tem comprimentos de onda na faixa de 320-380 nm, enquanto a radiação UV-B tem comprimentos de onda na faixa de 290-320 nm.
a) Calcule a frequência de luz que tem comprimento de onda de 320 nm.
b) Quais são mais energéticos, fótons de radiação UV-A ou de radiação UV-B?
c) A radiação UV-B do Sol é considerada a maior causadora de queimaduras em humanos em comparação com a radiação UV-A. Essa observação é consistente com sua resposta à questão anterior?

Atividade aplicada: prática

1. Observe sua rotina ao longo do dia e anote as atividades realizadas. Aponte em que momentos a radiação eletromagnética esteve presente e de que forma (aparelhos eletrônicos, lâmpadas, equipamentos de rádio e TV etc.). Ao final, organize os dados que você coletou e procure identificar as faixas de comprimento de onda a que cada tipo de radiação está relacionado, classificando-as de acordo com a energia.

Capítulo 2

Espectroscopia no ultravioleta

Neste capítulo, abordaremos os principais conceitos relacionados ao fenômeno de excitação eletrônica, que envolve radiações eletromagnéticas na faixa do ultravioleta, e mostraremos como esse fenômeno é utilizado em análises de compostos orgânicos.

O objetivo principal do capítulo é apresentar o fenômeno físico envolvido, como os espectros na região do ultravioleta são gerados e de que forma a interação entre a matéria e a energia promove respostas espectrais características para cada grupo funcional em função da estrutura molecular.

2.1 O fenômeno envolvido nas transições eletrônicas

Os equipamentos utilizados para obter as medidas de ultravioleta são denominados *espectrofotômetros* e estão disponíveis comercialmente em diversas configurações e tamanhos.
A Figura 2.1, a seguir, mostra um modelo desses equipamentos.

Figura 2.1 – Espectrofotômetros disponíveis para a realização de medidas de ultravioleta e UV-VIS

Anucha Cheechang/Shutterstock

Quando uma fonte de radiação contínua incide sobre determinada amostra, parte dessa radiação pode ser absorvida. Se isso ocorrer, a radiação residual produzirá um espectro denominado **espectro de absorção**. Mas para onde foi essa energia absorvida? Na verdade, ela foi utilizada para promover um elétron de seu estado de menor energia (estado fundamental) para um nível mais energético (estado excitado), no fenômeno quantizado de transição eletrônica.

Para que isso ocorra, a radiação eletromagnética absorvida deve corresponder exatamente à diferença de energia entre os estados fundamental e excitado. A Figura 2.2 representa as transições entre orbitais ocupados de mais alta energia (HOMO) para orbitais desocupados de mais baixa energia (LUMO) em processos de absorção de energia na região do ultravioleta.

Preste atenção!

Os orbitais HOMO e LUMO são denominados *orbitais de fronteira* e estão envolvidos na absorção de energia e nas reações químicas dos compostos, entre os quais os do grupo funcional carbonila.

- HOMO – *Highest Occupied Molecular Orbital* – É o orbital molecular ocupado de energia mais alta.
- LUMO – *Lowest Unoccupied Molecular Orbital* – É o orbital molecular desocupado de energia mais baixa.

Figura 2.2 – Representação dos processos de transição eletrônica entre os estados fundamental e excitado

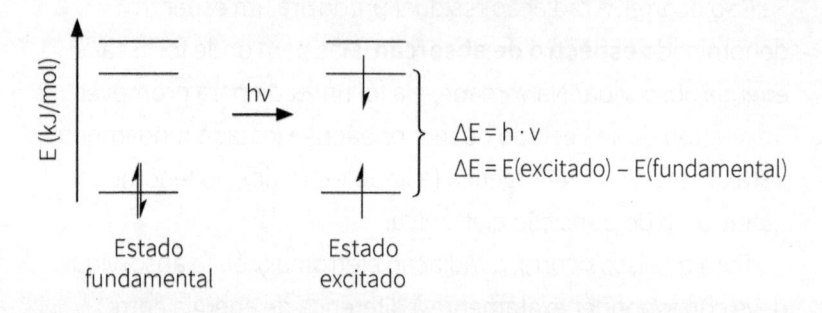

$\Delta E = h \cdot v$
$\Delta E = E(\text{excitado}) - E(\text{fundamental})$

Estado fundamental
Estado excitado

Na maioria das moléculas orgânicas, os orbitais de menor energia são os orbitais σ, que constituem as ligações do tipo σ. Orbitais moleculares do tipo π ficam em níveis energéticos mais elevados, e os pares de elétrons livres ou isolados ocupam orbitais não ligantes (n). Já os orbitais desocupados, ou antiligantes (π* e σ*), têm energia ainda mais alta. Os elétrons podem sofrer diversas transições entre os diferentes níveis de energia, conforme mostra de forma simplificada a Figura 2.3, a seguir.

Figura 2.3 – Níveis de energia e transições eletrônicas entre níveis

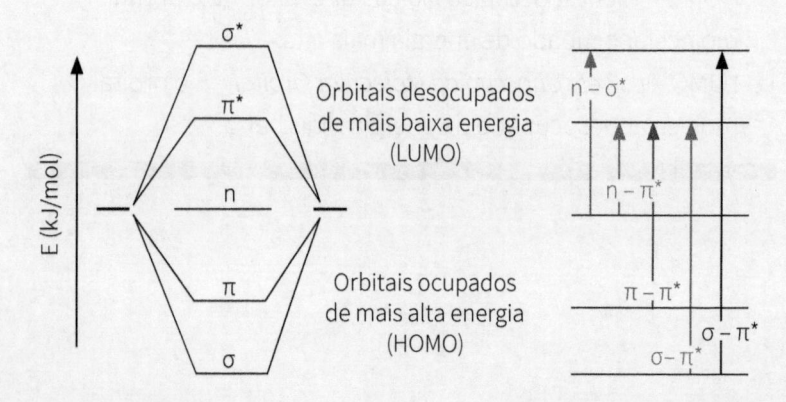

A energia necessária para ocasionar transições do nível ocupado de maior energia (HOMO) para o nível desocupado de menor energia (LUMO) é menor que a necessária para promover um elétron de orbitais ocupados de menor energia. Nesse sentido, é energeticamente favorecida a transição $n \to \pi^*$ em relação à transição $\pi \to \pi^*$. Entretanto, nem todas as transições que, aparentemente, seriam favorecidas são, de fato, observadas. Essas restrições, denominadas *regras de seleção*, devem ser consideradas.

Importante!

Não é o objetivo deste livro detalhar as regras de seleção, mas é importante mencionar que mudanças de número quântico de *spin* do elétron, número de elétrons que podem ser excitados por vez e propriedades de simetria da molécula e dos estados eletrônicos compõem os fatores que explicam as chamadas *transições proibidas*, como a típica transição $n \to \pi^*$ de compostos carbonílicos, por exemplo.

Em moléculas, a absorção de energia no UV corresponde a uma ampla faixa de comprimentos de onda, pois as ligações químicas que constituem esses compostos apresentam muitos modos de vibração e rotação, que também sofrerão transição para níveis vibracionais e rotacionais excitados, de mais alta energia.

Como há muitas possíveis transições em uma mesma molécula, que são energeticamente muito próximas, o conjunto de linhas correspondentes a cada uma dessas transições não é resolvido pelo espectrofotômetro. Como resultado, ao final de um experimento de leitura no UV, obtém-se um espectro na forma de uma banda larga, centrada próximo ao comprimento de onda correspondente à transição principal, como ilustrado na Figura 2.4 (para mais clareza, os níveis rotacionais foram omitidos).

Figura 2.4 – Transições eletrônicas e vibracionais sobrepostas e a origem do espectro de UV

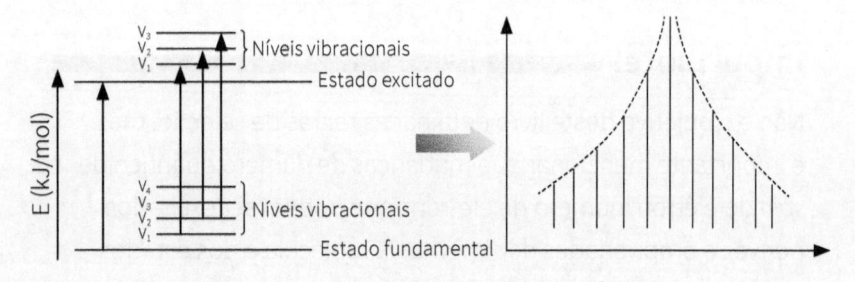

2.2 Princípios da absorção

Como vimos, a absorção da energia na região do UV depende diretamente da natureza eletrônica das moléculas, ou seja, da diferença de energia entre os estados eletrônicos. Alguns compostos apresentam grupos funcionais capazes de absorver radiação nesses comprimentos de onda. Por esse motivo, são denominados **grupos cromóforos**.

Um cromóforo ou grupo cromóforo é a parte ou conjunto de átomos de uma molécula que absorve na região do ultravioleta ou visível. Essa absorção é possibilitada pelas transições dos elétrons entre os níveis energéticos, ou orbitais. Abordaremos os grupos cromóforos com mais detalhes na Seção 2.5. Quanto maior for o número de moléculas capazes de absorver luz em um certo comprimento de onda, maior será a extensão dessa absorção.

Podemos visualizar esse fenômeno claramente ao observar, de forma comparativa, as soluções ilustradas na Figura 2.5. Intuitivamente, relacionamos a observação de coloração mais intensa ao frasco contendo maior concentração do composto presente no meio, responsável pela cor azul das soluções.

Figura 2.5 – Exemplos de soluções contendo diferentes concentrações de analito

SpicyTruffel/Shutterstock

Quanto maior o número de moléculas capazes de absorver a luz de certo comprimento de onda, ou seja, quanto maior a concentração dessa solução, maior a extensão da absorção. Além disso, quanto maior a eficiência das moléculas em absorver a luz desse comprimento de onda, a absortividade molar, maior a extensão da absorção. Essas relações de concentração e absortividade molar são expressas pela lei de Beer-Lambert, mostrada na Figura 2.6, e podem ser utilizadas para determinar a concentração de soluções por ultravioleta.

Figura 2.6 – Exemplos de soluções contendo diferentes concentrações de analito

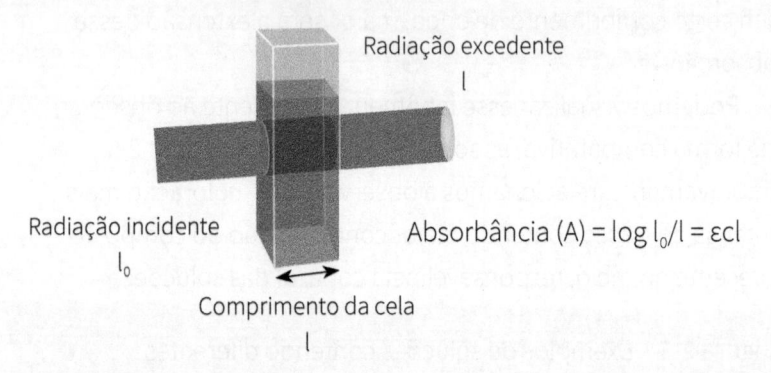

Radiação excedente
I

Radiação incidente
I_0

Comprimento da cela
l

Absorbância (A) = log I_0/I = εcl

Absorbância (A) = log I_0/I = εcl

Em que:

- I_0 = intensidade incidente na cela de amostra.
- I = intensidade excedente na cela de amostra.
- c = concentração molar do soluto.
- l = comprimento da cela de amostra (cm).
- ε = absortividade molar.

Na expressão empírica da lei de Beer-Lambert, o termo log (I_0/I) corresponde à absorbância (A) e relaciona a intensidade de radiação que incide sobre a amostra com a radiação que excede da amostra. O termo absortividade molar (ε) é propriedade intrínseca de cada composto e não pode ser modificado pelos parâmetros experimentais; trata-se da capacidade que um mol de determinada substância tem de absorver luz em dado comprimento de onda.

Portanto, quanto maior a capacidade da molécula de absorver luz ultravioleta, maior sua absortividade molar e, consequentemente, maior a absorbância. A proporção da luz absorvida dependerá, então, de quantas moléculas estão presentes na solução, pois, quanto mais concentrada, maior o número de moléculas absorvendo luz e, portanto, mais intensa a coloração da solução, por exemplo (Figura 2.5).

Outro fator bastante importante são as dimensões do sistema absorvente, pois o caminho que o feixe de luz deve percorrer afeta diretamente a relação entre a luz que entra na cela contendo a amostra e a luz que sai. De maneira geral, a absortividade varia de 0 a 10^6. Valores acima de 10^4 são denominados *absorções de alta intensidade*, enquanto valores abaixo de 10^3 são chamados de *absorções de intensidade baixa*. Essas relações, porém, só podem ser empregadas na análise de substâncias puras, ou seja, em que há somente um tipo de cromóforo presente em solução.

Fique atento!

Moléculas em misturas, com diferentes formas em equilíbrio, moléculas que interagem quimicamente com o solvente ou com algum outro soluto formando complexos e soluções com concentrações elevadas não obedecem à lei de Beer-Lambert.

2.3 Espectros de ultravioleta

Quando a radiação ultravioleta incide sobre dada amostra, a energia quantizada é absorvida para promover as transições eletrônicas. Essa quantidade de energia é específica para cada molécula e corresponderá exatamente à diferença de energia entre os níveis fundamental e excitado. Como resultado, o espectrofotômetro registrará um gráfico em função da absorbância *versus* comprimento de onda. Por essa razão, os dados são comumente representados como log ε no eixo das ordenadas e comprimento de onda (λ) nas abscissas.

Em um espectro simples, como o representado no Gráfico 2.1, observamos uma região de maior intensidade, que corresponde ao comprimento de onda no qual a absorção foi máxima e que representa a transição eletrônica. Entretanto, dependendo da estrutura molecular dos compostos analisados, outras bandas de absorção podem estar presentes como resultado de transições simultâneas ou, ainda, de processos vibracionais e rotacionais.

Gráfico 2.1 – Representação gráfica da absorbância (A) em função do comprimento de onda (λ)

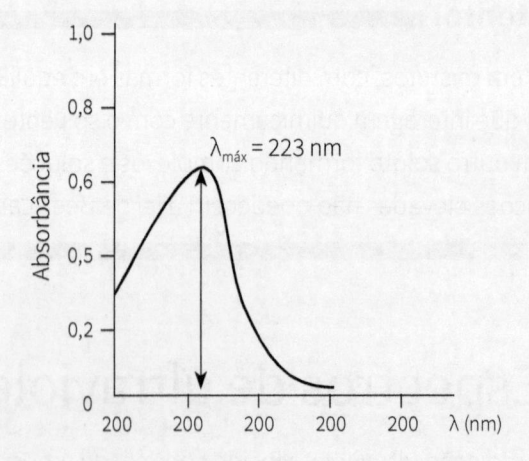

Conforme mencionado, a escolha do solvente pode ser crucial para a realização de um experimento de ultravioleta bem-sucedido porque, geralmente, os experimentos são realizados com soluções diluídas do analito. As moléculas do próprio solvente podem absorver radiação eletromagnética em comprimentos de onda próximos ao do composto de interesse, prejudicando o resultado da análise.

Os principais solventes utilizados são apresentados na Tabela 2.1. Em geral, solventes que não contêm sistemas conjugados são mais adequados para a realização dos experimentos de UV.

Tabela 2.1 – Máximos de absorção observados para diferentes solventes

Solvente	A (nm)	Solvente	A (nm)
Acetonitrila	190	n-Hexano	201
Clorofórmio	240	Metanol	205
Cicloexano	195	Isoctano	195
1,4-dioxano	215	Água	190
Etanol (95%)	205	Fosfato de trimetila	210

Fonte: Pavia et al., 2012, p. 370.

Outro fator importante a ser observado na escolha do solvente é a possibilidade de interações intermoleculares que podem ser estabelecidas entre o analito e o solvente, as quais podem afetar tanto o formato quanto a posição das bandas obtidas em um experimento de UV.

Um exemplo clássico é mostrado a seguir, no Gráfico 2.2, em que as bandas finas presentes no espectro gerado por meio da leitura em isoctano desaparecem ao se repetir o experimento utilizando EtOH como solvente no meio. Nesse caso, o uso de um solvente não polar impede interações por ponte de hidrogênio, mantendo as estruturas finas das bandas observadas.

Gráfico 2.2 – Espectro de ultravioleta do 2-nitrofenol em etanol (EtOH) e isoctano

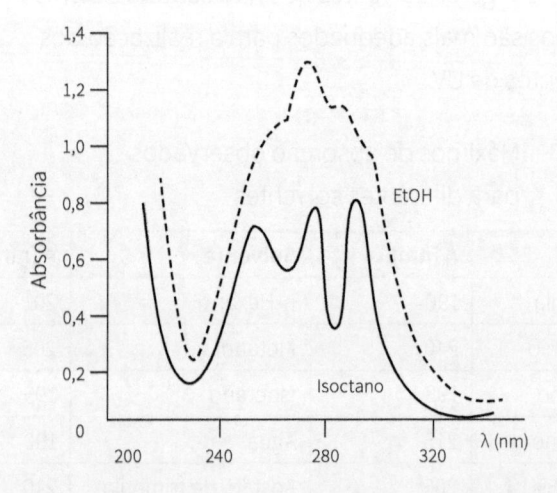

As interações por pontes de hidrogênio que solventes polares próticos podem estabelecer com as moléculas também podem auxiliar na estabilização dos respectivos estados excitado ou fundamental. Quando essa interação é favorecida no estado fundamental, a diferença energética necessária para a transição eletrônica ocorrer passa a ser maior e o composto absorve em menores comprimentos de onda, como verificamos na Tabela 2.2, a seguir.

Tabela 2.2 – Comprimentos de onda observados para a transição
$n \to \pi^*$ da acetona em diferentes solventes

Solvente	H_2O	CH_3OH	CH_3CH_2OH	$CHCl_3$	C_6H_{14}
λ (nm)	264,5	270	272	277	279

Fonte: Pavia et al., 2012, p. 370.

Em outros casos, o solvente contribui para a estabilização do estado excitado e diminui o GAP de energia e, consequentemente, a absorção máxima é observada em maiores comprimentos de onda.

2.4 Grupos cromóforos

Sabemos que, para observar respostas em um experimento de ultravioleta, a energia absorvida pela molécula promove transições eletrônicas, excitando um elétron de seu estado fundamental para o estado excitado. A diferença de energia entre esses níveis depende diretamente das ligações químicas que constituem essas moléculas, ou seja, de um grupo de átomos, e não dos elétrons diretamente. Esses átomos que apresentam diferenças energéticas entre HOMO e LUMO que respondem à radiação UV são denominados *cromóforos*, ou seja, são capazes de sofrer transições eletrônicas quantizadas na faixa de leitura UV-VIS.

Em alcanos, por exemplo, constituídos apenas por ligações H–C, as únicas transições possíveis são do tipo $\sigma \to \sigma^*$ (Figura 2.7). Essas transições contêm energia tão alta que os comprimentos de onda não são acessíveis experimentalmente em espectrômetros convencionais. Em vista disso, esses compostos não respondem à espectroscopia por UV.

Agora, observe o diagrama exemplificado ilustrativamente na Figura 2.7 para uma amina genérica. A presença do átomo de nitrogênio envolverá a presença de um par de elétrons livre, representados em um orbital n, que é o orbital ocupado de maior energia para essa molécula.

Nesse caso, a transição possível envolve os elétrons livres (n) para o orbital desocupado de mais baixa energia σ*CN. Também são energias de transição consideradas altas, mas inferiores às requeridas para alcanos. Assim como as aminas, álcoois e ésteres apresentam as mesmas características e absorvem na faixa que vai de 175 a 200 nm.

Figura 2.7 – Transições típicas σ → σ* de alcanos e n → σ* em aminas (os níveis de energia e orbitais representados são de cunho meramente ilustrativo)

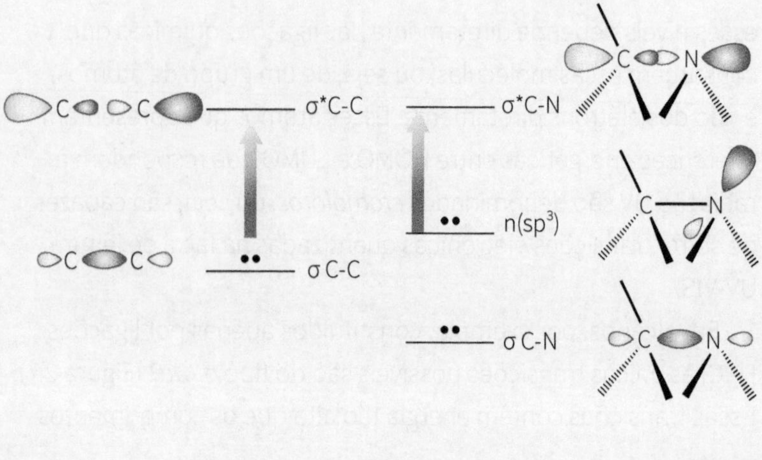

O grupo funcional carbonílico está presente na maioria dos compostos orgânicos e responde à radiação UV. De maneira geral, as transições mais estudadas são as transições $n \to \pi^*$, entre 280 e 290 nm. Essas transições, contudo, fazem parte das transições proibidas e são observadas em baixa intensidade ($\varepsilon = 15$). Compostos carbonílicos também apresentam uma transição do tipo $\pi \to \pi^*$ por volta de 188 nm ($\varepsilon = 900$), representada ilustrativamente na Figura 2.8.

Figura 2.8 – Transições típicas $n \to \pi^*$ (proibida) e $\pi \to \pi^*$ em compostos carbonílicos (os níveis de energia e orbitais representados são de cunho meramente ilustrativo)

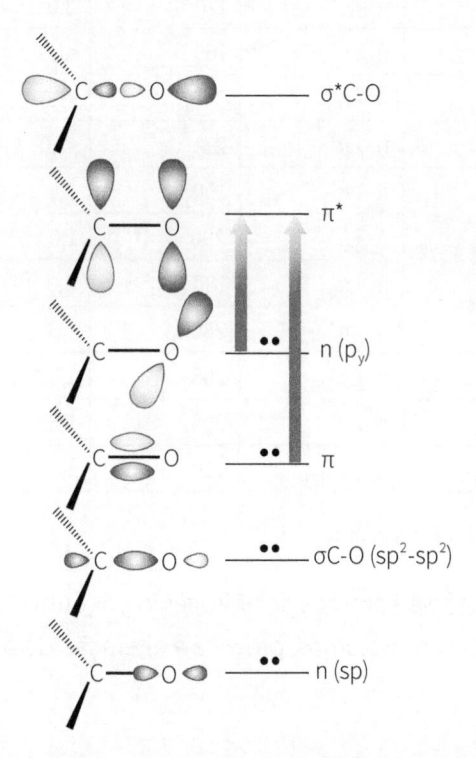

A Tabela 2.3, a seguir, apresenta as absorções típicas de grupos cromóforos isolados simples, comuns em compostos orgânicos.

Tabela 2.3 – Transições comumente observadas em diferentes grupos funcionais

Grupo funcional	Transição	$\lambda_{máx}$ (nm)	Log ε
R–OH	n → σ*	180	2,5
R–O–R	n → σ*	180	3,5
R–NH$_2$	n → σ*	190	3,5
R–SH	n → σ*	210	3,0
R$_2$C=CR$_2$	π → π*	175	3,0
R–C≡C–R	π → π*	170	3,0
R–C≡N	n → π*	160	<1,0
R–N=N–R	n → π*	340	<1,0
R–NO$_2$	n → π*	271	<1,0
R–CHO	π → π*	190	2,0
R–CHO	n → π*	290	1,0
R$_2$CO	π → π*	180	3,0
R$_2$CO	n → π*	280	1,5
RCOOH	n → π*	205	1,5
RCOOR'	n → π*	205	1,5
RCONH$_2$	n → π*	210	1,5

Fonte: Pavia et al., 2012, p. 373.

A substituição de átomos de hidrogênio por outros grupos funcionais, ou heteroátomos, provoca a alteração da posição e intensidade da banda de absorção do cromóforo. Substituintes que provoquem um aumento na intensidade de absorção e, possivelmente, modifiquem a posição da banda são denominados **auxocromos**. São exemplos os grupamentos metila, hidroxila, alcoxila, aminas e halogênios. As alterações e os deslocamentos observados nos espectros de UV podem ser classificados da seguinte forma:

- **Deslocamentos batocrômicos** – Recebem esse nome pelo fato de a banda de absorção ser deslocada para a região do vermelho, em comprimentos de onda maiores ou energias mais baixas.
- **Deslocamentos hipsocrômicos** – Referem-se a bandas de absorção deslocadas para a região do azul, que correspondem a comprimentos de onda menores e, consequentemente, absorções de maior energia.
- **Efeito hipercrômico** – Ocorre quando a intensidade da banda é aumentada.
- **Efeito hipocrômico** – Ocorre quando a intensidade da banda é diminuída.

Observe os compostos apresentados na Figura 2.9, a seguir. O betacaroteno, de coloração laranja, está presente, majoritariamente, em alimentos como a cenoura e tem seu máximo de absorção em 452 nm. Já os compostos pertencentes à classe das antocianinas estão presentes nas frutas vermelhas. Esses compostos são importantes antioxidantes naturais e absorvem em 545 nm. O corante verde-malaquita, como o próprio nome já indica, é um pigmento de coloração verde cuja absorbância máxima é observada em 617 nm.

Neste momento, a pergunta a ser feita é: Por que esses máximos são diferentes? Ou ainda: Quais fatores estruturais fazem com que esses máximos de absorção sejam tão distintos dos estudados até aqui?

Essa diferença na magnitude de absorção observada para compostos como o betacaroteno e antocianinas, em comparação com cromóforos isolados, é atribuída ao efeito da conjugação do sistema molecular. Quanto maior a extensão dessa conjugação, mais pronunciado o efeito batocrômico. Como consequência, os níveis de energia eletrônicos ficam mais próximos e a energia necessária para que ocorra a transição eletrônica é diminuída.

Figura 2.9 – Máximos de absorção observados em diferentes compostos orgânicos

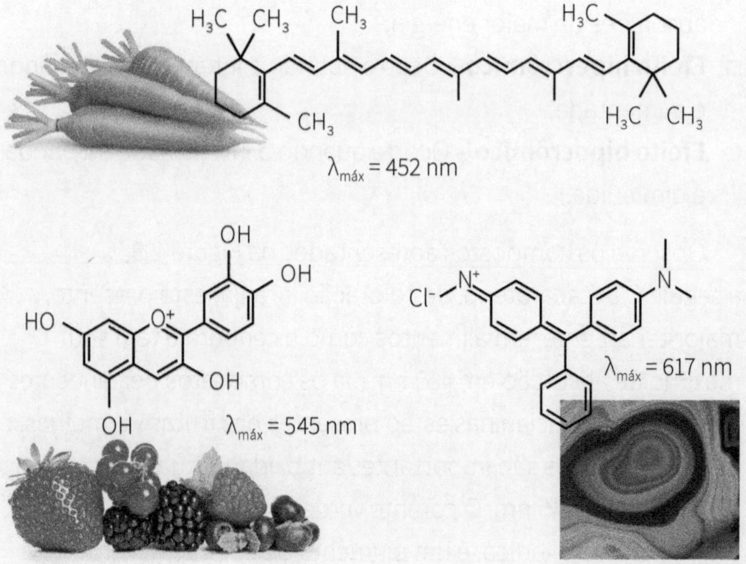

$\lambda_{máx} = 452$ nm

$\lambda_{máx} = 545$ nm

$\lambda_{máx} = 617$ nm

Anna Kucherova, guy42 e Didac Perez Ruz/Shutterstock

Esses compostos em comprimentos de ondas maiores entram na faixa de radiação detectável ao olho humano – a região do visível (400-750 nm). A seguir, no Gráfico 2.3, vemos o efeito da conjugação sobre a absorbância de polienos, em que o deslocamento para comprimentos de onda maiores acompanha a extensão da conjugação eletrônica.

Gráfico 2.3 – Espectros de ultravioleta obtidos a partir de polienos $CH_3-(CH=CH)_n-CH_3$; (A) n = 3; (B) n = 4; (C) n = 5

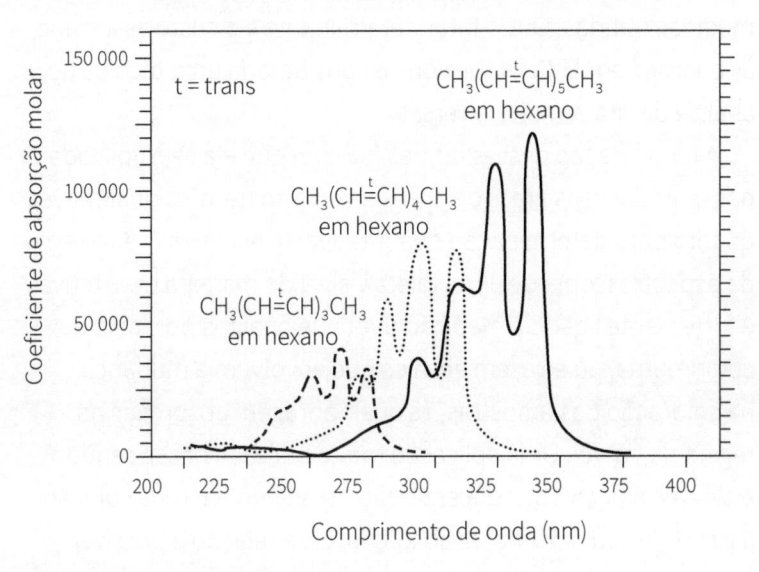

Fonte: Nayler; Whiting, 1955, p. 3037.

2.5 Principais aplicações da espectroscopia UV-VIS

Apesar de os espectros ultravioleta e visível fornecerem informações limitadas sobre a estrutura química dos compostos analisados, essa técnica continua sendo amplamente utilizada. Uma das grandes vantagens é a alta sensibilidade, pois concentrações extremamente baixas podem ser detectadas no espectrofotômetro, além do alto grau de exatidão e precisão nas medidas obtidas. Outro fator determinante é o custo associado às análises por UV, uma vez que é considerada uma técnica de análise barata, simples e versátil.

A combinação desses fatores faz com que ela seja aplicada nas mais diversas áreas de análise, tanto em termos qualitativos quanto para determinação quantitativa de analitos. O emprego da espectroscopia de ultravioleta visível de maneira qualitativa é fortemente ligado à medição direta de analitos por meio da colorimetria, ou seja, em ensaios que envolvam a mudança na coloração das amostras, as quais abragem absorções na região do visível. Uma aplicação muito utilizada nesse sentido é a determinação da concentração do analito em uma solução a partir de seu máximo de absorção. Essa relação é possível pela aplicação da lei de Beer-Lambert, correlacionando-se a absorbância medida à concentração da substância na amostra.

Essa relação, como mencionamos anteriormente, é uma das razões que tornam a técnica de UV e VIS tão aplicável em rotinas analíticas para as mais diversas finalidades. A sensibilidade da técnica permite detectar compostos em concentrações que variam de 10^{-4} a 10^{-7} mol/L, fazendo desse instrumento de medida um importante aliado nas áreas da química orgânica, da química inorgânica e da bioquímica.

Um exemplo típico é o estudo cinético de processos químicos, em que o monitoramento da variação de concentração de reagentes ou produtos ao longo do tempo fornece valiosas informações sobre o comportamento químico do sistema reacional, como ilustrado no Gráfico 2.4. A lei de Beer-Lambert é utilizada para relacionar a absorbância medida ao longo do tempo com a concentração.

Gráfico 2.4 – Estudo cinético de processo a partir de espectroscopia UV

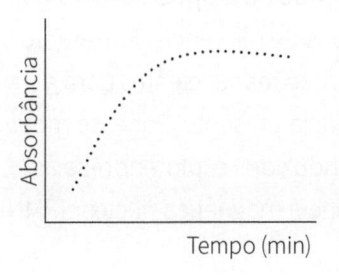

Tempo (min)	Mol/L (A)
0,0	10,0
1,0	90,
2,0	8,0
3,0	6,0
4,0	3,0
5,0	1,0

Essas informações são úteis, por exemplo, para a otimização de processos industriais, o monitoramento de tempo de decomposição de resíduos químicos, a cinética de absorção de medicamentos, entre outros casos. Além disso, é importante salientar que medidas de concentração podem ser obtidas para qualquer espécie química que absorva na região do ultravioleta e visível, sejam espécies orgânicas, sejam inorgânicas. Moléculas não absorventes podem ser convertidas quimicamente em compostos capazes de absorver radiação nessa faixa do espectro eletromagnético e, com isso, medidas por UV.

Importante!

Com relação à seletividade, usualmente, é possível monitorar comprimentos de onda específicos para o composto de interesse, porém sobreposições de bandas ou a presença de analitos que absorvam em comprimentos de onda semelhantes podem comprometer o resultado obtido.

No campo da determinação estrutural, geralmente, podem ser obtidas informações sobre a identidade de grupos cromóforos presentes por comparação a padrões de referência. Entretanto, os espectros não apresentam informações suficientes para a identificação inequívoca da substância presente. Por esse motivo, outros experimentos devem ser conduzidos explorando-se as técnicas de infravermelho, ressonância magnética nuclear (RMN) e espectrometria de massas.

Muitas vezes, apenas um ensaio simples de determinação de ponto de fusão é suficiente para atestar a composição de uma amostra desconhecida. A Figura 2.10, a seguir, ilustra os espectros de absorção da cafeína, da teofilina e da treobromina. São compostos que apresentam máximos de absorção semelhantes, apesar de tratar-se de estruturas químicas distintas. Por essa razão, essa técnica pode ser explorada com muito sucesso na identificação de cromóforos e não de substâncias específicas.

Figura 2.10 – Espectros de absorção ultravioleta da cafeína, da teofilina e da teobromina na região de 200-400 nm

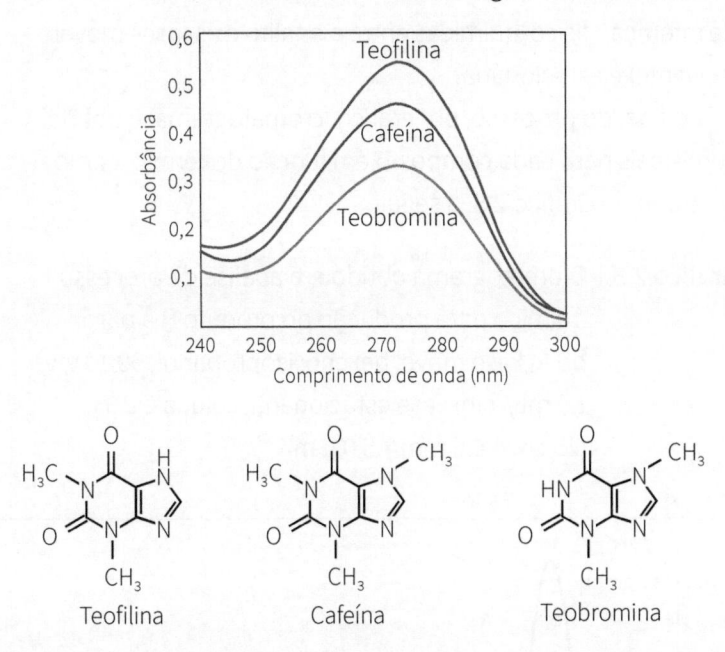

Fonte: Elaborado com base em Xia; Ni; Kokot, 2013.

Como exemplos de técnicas analíticas que fazem uso de detectores por ultravioleta, podemos citar a titulação fotométrica e espectrofotométrica, a cromatografia líquida com detector de ultravioleta visível e a eletroforese capilar com detector de UV. Na titulação fotométrica ou na espectrofotométrica, é possível localizar o ponto de equivalência da titulação com base em medidas de UV, considerando-se que as espécies monitoradas (reagentes ou produtos) absorvam em comprimentos de onda distintos.

A cromatografia líquida é classicamente empregada para a separação de compostos em misturas, com base nas diferenças de interação físico-químicas entre o analito e as fases móvel (solvente) e estacionária.

Ao final do processo, um gráfico (cromatograma) é obtido, com sinais para cada composto em função do tempo, como ilustrado no Gráfico 2.5, a seguir.

Gráfico 2.5 – Cromatograma obtido em análise de processo químico para produção do produto B a partir de A. Fase móvel hexano: isopropanol, 90:10 v/v, 1,0 mL/min. Fase estacionária, coluna OD-H (25 cm × 4,6 mm × 5,0 µ m)

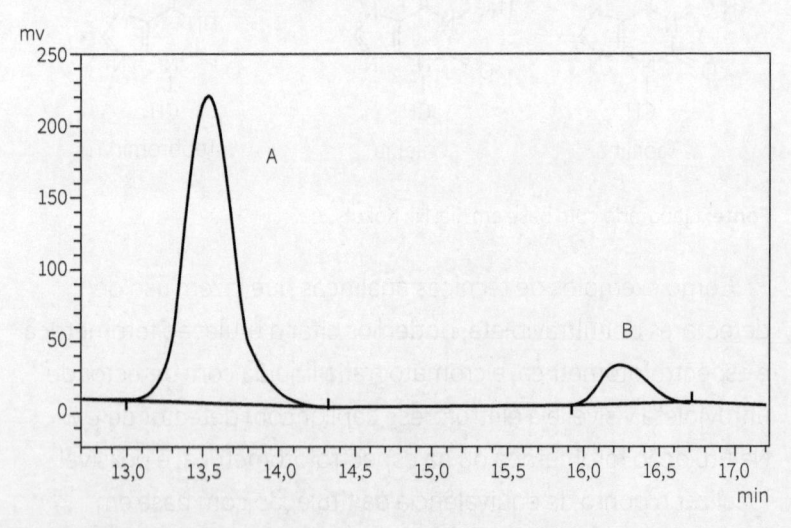

Atualmente, o emprego desse equipamento em laboratórios químicos, farmacêuticos, bioquímicos, entre outros, é considerado indispensável, em virtude do grande número de compostos que podem ser analisados pela técnica. À medida que o composto é eluído, vai se separando dos demais analitos presentes na amostra e, em vista disso, os tempos de chegada ao detector se diferenciam.

Para saber mais

- Para assistir à realização de experimentos de espectroscopia no ultravioleta, acesse o *site* da Royal Society of Chemistry. Disponível em: <http://my.rsc.org/video/56>. Acesso em: 9 fev. 2021.
- *O Livro de Química na Web* foi desenvolvido pelo National Institute os Standards and Technology (Instituto Nacional de Normas e Tecnologia), que disponibiliza espectros de UV-VIS, espectros de infravermelho de fase gasosa e dados de espectrometria de massas para diversos compostos. Disponível em: <http://webbook.nist.gov/chemistry/>. Acesso em: 9 fev. 2021.

Síntese

Neste capítulo, abordamos os conceitos fundamentais associados à radiação eletromagnética na região do ultravioleta e mostramos como a energia envolvida promove transições eletrônicas. Vimos que cada grupo funcional absorve radiação em regiões específicas, em razão do tipo de ligações químicas existentes, e como isso pode ser relacionado à identificação e à quantificação desses compostos nas soluções em estudo, aplicando-se a lei de Beer-Lambert.

Além disso, apresentamos exemplos típicos de espectros obtidos na espectroscopia no ultravioleta e exemplos de aplicações dessa técnica nas diversas áreas da ciência.

Atividades de autoavaliação

1. Um exemplo de como a absorção no ultravioleta pode ser utilizada como ferramenta para diferenciar substâncias é mostrado na Figura A. Com base no que você aprendeu sobre espectroscopia UV, correlacione corretamente os espectros 1 e 2 aos compostos A e B correspondentes:

Figura A – Absorção no ultravioleta

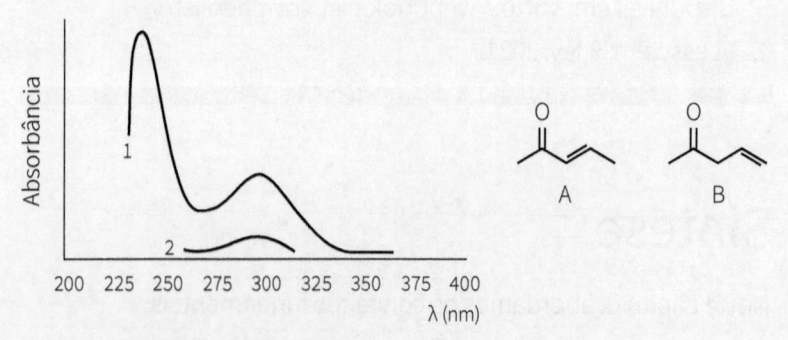

Agora, assinale a alternativa que indica corretamente a correlação pedida e a justificativa para essa atribuição:
a) Espectro 1 e composto A; espectro 2 e composto B.
   O composto B apresenta sistema de deslocalização de elétrons, resultando na conjugação da dupla ligação.

b) Espectro 1 e composto B; espectro 2 e composto A.
   O composto A apresenta dois cromóforos isolados, resultando em uma banda de absorção para cada grupo.
c) Espectro 1 e composto A; espectro 2 e composto B.
   A conjugação da dupla ligação com o grupo funcional carbonila promove deslocamento hipocrômico.
d) Espectro 1 e composto A; espectro 2 e composto B.
   O composto A apresenta sistema de deslocalização de elétrons, resultando na conjugação da dupla ligação.
e) Espectro 1 e composto B; espectro 2 e composto A.
   O composto B apresenta dois cromóforos isolados, resultando em uma banda de absorção para cada grupo.

2. Assinale a alternativa que apresenta a ordem crescente correta de absorções esperadas para as estruturas químicas 1 a 4:

a) 1, 2, 3, 4.
b) 3, 4, 1, 2.
c) 2, 1, 4, 3.
d) 3, 4, 2, 1.
e) 1, 2, 4, 3.

3. Imagine que você recebeu os insumos químicos que aguardava para dar prosseguimento à síntese do composto de interesse. Entretanto, o rótulo dos frascos foi danificado no processo de entrega e você precisa certificar a identidade de cada um deles utilizando a espectroscopia no ultravioleta. Com base nas estruturas químicas propostas, assinale a alternativa que melhor descreve como você poderia utilizar a espectroscopia no UV para diferenciar os compostos 1 e 2:

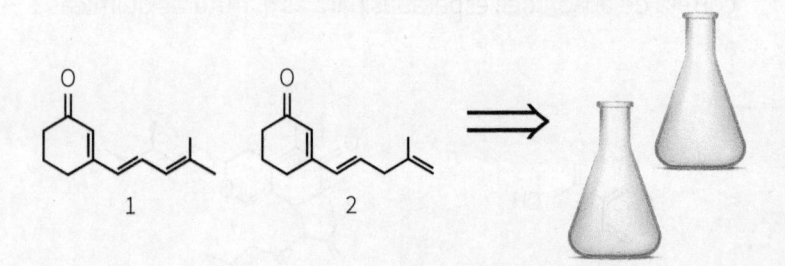

a) O composto 2 apresenta um sistema molecular conjugado e o composto 1 apresenta ligações duplas isoladas. Essa diferença estrutural deverá diferenciar os compostos no experimento.
b) O composto 1 apresenta um sistema molecular conjugado e o composto 2 apresenta ligações duplas isoladas. A conjugação promove efeito batocrômico e permitirá diferenciar os compostos no experimento.

c) O composto 1 apresenta um sistema molecular conjugado e o composto 2 apresenta ligações duplas isoladas.
A conjugação promove efeito hipocrômico e permitirá diferenciar os compostos no experimento.

d) O composto 2 apresenta um sistema molecular conjugado e o composto 1 apresenta ligações duplas isoladas.
A conjugação promove efeito batocrômico e permitirá diferenciar os compostos no experimento.

e) Não se poderia utilizar o UV, pois nenhuma diferença seria observada no experimento.

4. Assinale a opção correta sobre a afirmativa de que a transição de menor energia detectada para a trietilamina fica em torno de 195 nm:
   a) A transição associada à absorção na aminas é a transição do tipo $\sigma \to \sigma^*$.
   b) A transição associada à absorção na aminas é a transição do tipo $\pi \to \sigma^*$.
   c) A transição associada à absorção na aminas é a transição do tipo $\pi \to \pi^*$.
   d) A transição associada à absorção na aminas é a transição do tipo $n \to \sigma^*$.
   e) A transição associada à absorção na aminas é a transição do tipo $n \to \pi^*$.

5. O composto 3-buten-2-ona, $CH_2=CH-CO-CH_3$ (metil vinil cetona) apresenta um máximo de absorção de 212 nm no ultravioleta, com $\varepsilon = 7{,}125 \cdot 10^5$. Contudo, nem a dupla ligação nem o grupo carbonila, isolados, apresentam

absorções acima de 200 nmn. Avalie as afirmativas sobre essa observação e julgue se são verdadeiras (V) ou falsas (F):

( ) O fenômeno observado é denominado *efeito batocrômico* e é provocado pela conjugação da dupla ligação com o grupo funcional carbonila.

( ) O deslocamento do máximo de absorção para comprimentos de onda maiores no sistema conjugado é resultante da maior energia necessária para a transição eletrônica desse tipo de sistema molecular.

( ) A conjugação eletrônica é responsável pelo aumento do GAP energético entre os orbitais de fronteira do composto, razão pela qual se observa a absorção em comprimentos de onda maiores.

( ) O aumento na intensidade da banda de absorção do composto analisado é conhecido como *efeito hipsocrômico*.

( ) O efeito observado deve estar relacionado a experimentos realizados em solução com mistura de compostos contendo os grupos funcionais alceno isolado e grupo carbonílido isolado, resultando em uma média.

Agora, assinale a alternativa que apresenta a sequência correta:

a) V, F, F, V, F.
b) V, V, F, V, F.
c) V, F, V, V, F.
d) V, F, F, F, F.
e) V, F, F, V, V.

Atividades de aprendizagem

Questões para reflexão

1. Uma das primeiras atividades escolares da infância é o trabalho com as cores. Aprendemos, desde cedo, quais são as cores primárias e as secundárias, as quentes e as frias e que são utilizadas, inclusive, em aspectos muito além da representação artística atualmente. Com relação ao que você aprendeu sobre a espectroscopia no ultravioleta visível, organize um infográfico representando os comprimentos de onda e de energia de cada cor mostrada na Figura B, a seguir.

Figura B – Classificação das cores

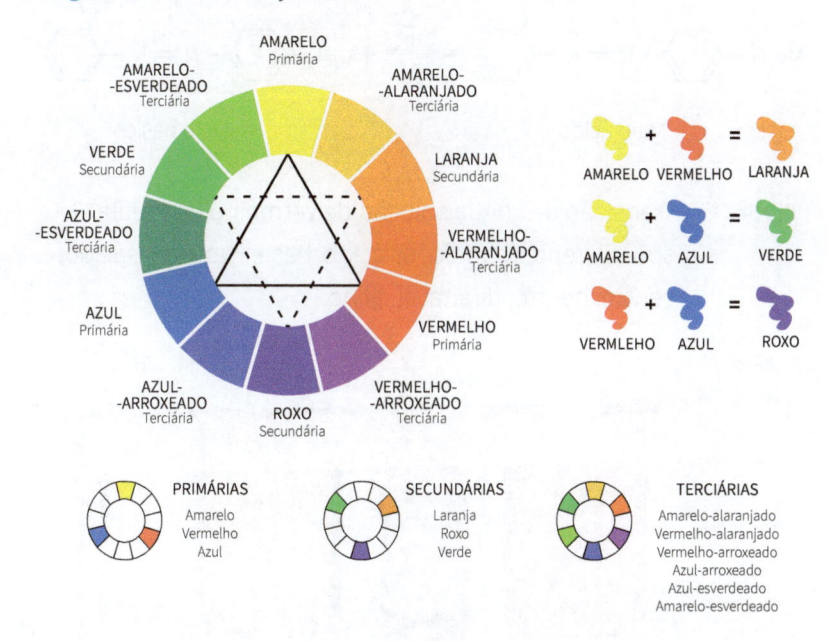

2. Os indicadores utilizados em titulações ácido-base são compostos de importância fundamental para a determinação da concentração de soluções com base na observação visual de mudanças de coloração em virtude da variação do pH do meio. O indicador vermelho de metila, mostrado na Figura C, por exemplo, apresenta coloração vermelha em soluções ácidas ($\lambda_{máx}$ = 520 nm), mudando para amarelo em pH alcalino ($\lambda_{máx}$ = 425 nm).

Com base na análise das espécies químicas presentes em cada meio, explique quais fatores estruturais são responsáveis pela mudança no comprimento de onda absorvido pelas soluções.

Figura C – Transição de cor da solução de vermelho de metila sob diferentes condições ácido-base. Esquerda: ácido; centro: neutro; direita: alcalino

Atividade aplicada: prática

1. Pesquise sobre o daltonismo, uma doença de origem genética que provoca dificuldade de enxergar cores como o vermelho ou o verde ou até mesmo impede que a pessoa perceba as cores em casos mais graves. Quais são as diferenças associadas aos receptores visuais em portadores dessa doença e em indivíduos saudáveis?

Capítulo 3

Espectroscopia do infravermelho

A espectroscopia na região do infravermelho envolve os fenômenos de absorção de energia que compreendem radiações de comprimentos de onda maiores do que as do ultravioleta visível, que vão de 400 a 800 nm (1 nm = 10^{-9} m), mas menores do que as radiações de micro-ondas, que são maiores que 1 mm.

Para a química, o interesse está na região do espectro eletromagnético entre 2,5 μm e 25 μm (1 μm = 10^{-6} m). A energia associada às ondas nessa região provoca, no nível molecular, alterações de natureza vibracional e, por essa razão, também são comumente denominadas *região vibracional do infravermelho*.

Neste capítulo, abordaremos os principais conceitos envolvidos na espectroscopia do infravermelho, as origens moleculares associadas às respectivas frequências de absorção e o modo como a posição, o formato e a intensidade das bandas podem ser utilizados para a identificação de compostos orgânicos.

3.1 A absorção e os diferentes tipos de ligações

Em termos básicos, o espectro de infravermelho é formado pela absorção de radiação eletromagnética em frequências que correspondem à vibração específica de cada ligação química. Na Figura 3.1, a seguir, observamos um espectrômetro típico, no qual os experimentos de infravermelho são realizados.

Figura 3.1 – Espectrômetro de infravermelho com transformada de Fourier (FT-IR)

Shimadzu do Brasil, 2021/https://www.shimadzu.com.br/analitica/index.shtml

Uma molécula orgânica pode conter várias ligações diferentes. Todas essas ligações vibrarão naturalmente em determinada energia e, consequentemente, diferentes ligações vibrarão em diferentes frequências*. Na Figura 3.2, observamos a relação entre a radiação na região do infravermelho e as demais regiões do espectro eletromagnético.

---

* Para visualizar um exemplo interativo, acesse o canal da Royal Society Of Chemistry e assista ao vídeo *All of These Bonds 1*, disponível em: <https://www.youtube.com/watch?v=S8R30EdcIT4>. Acesso em: 10 fev. 2021.

Figura 3.2 – Parte do espectro eletromagnético que mostra a relação do infravermelho vibracional com outras radiações

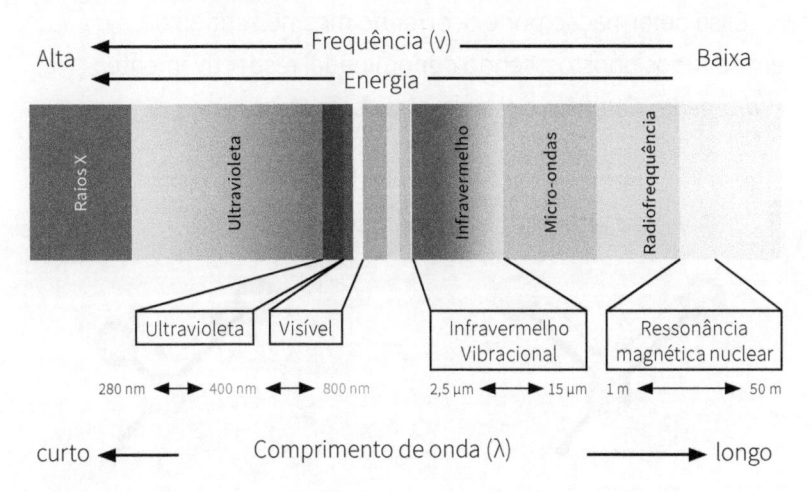

```
Alta  ←———— Frequência (v) ————→  Baixa
      ←———— Energia ————→
```

| Raios X | Ultravioleta | Visível | Infravermelho | Micro-ondas | Radiofrequência |

| Ultravioleta | Visível | | Infravermelho Vibracional | | Ressonância magnética nuclear |

280 nm ←→ 400 nm ←→ 800 nm   2,5 μm ←→ 15 μm   1 m ←→ 50 m

curto ←———— Comprimento de onda (λ) ————→ longo

Fonte: Pavia et al., 2012, p. 16.

O tamanho do átomo, o comprimento e a força da ligação variam de molécula para molécula, portanto a frequência com que uma ligação específica absorve a radiação infravermelha será diferente em uma variedade de ligações e modos de vibração. Medidas dessas alterações dão origem à espectroscopia no infravermelho, utilizada como ferramenta de escolha para a identificação dos grupos funcionais presentes em determinada amostra.

Basicamente, dois modos de vibração são observados: estiramento (*stretching*, v) e dobramento (*bending*, δ). **Estiramentos**, também denominados *deformações axiais*, envolvem a mudança da distância interatômica ao longo do eixo da ligação, ou seja, provocam o "encurtamento" ou o "alongamento" da distância entre os átomos, como ilustra a Figura 3.3.

Essa deformação pode ocorrer no mesmo sentido ou em sentidos opostos, sendo denominada, respectivamente, *estiramento simétrico* e *estiramento assimétrico*.

Figura 3.3 – Representações dos modos de estiramento simétrico (A) e assimétrico (B)

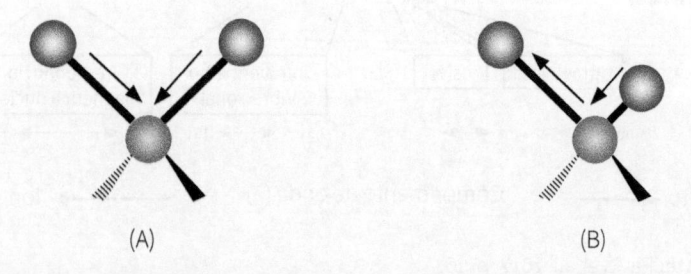

(A)　　　　　　　　　　(B)

Já os **dobramentos**, também chamados de *deformações angulares*, são variações que envolvem a mudança no ângulo diedro, ou seja, o ângulo entre as ligações químicas. Assim como os estiramentos, os dobramentos também podem ser simétricos ou assimétricos, quando implicam mudanças que evoluem no mesmo sentido ou em sentidos opostos, respectivamente. Além disso, a mudança de ângulo pode ocorrer no plano ou fora do plano, conforme ilustrado na Figura 3.4, a seguir.

Figura 3.4 – Representações dos modos de dobramento simétrico e assimétrico, no plano e fora do plano

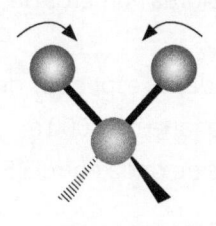

Deformação angular
simétrica no plano
(δ_s) – *scissoring*

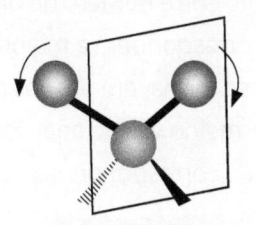

Deformação angular
simétrica fora do plano
(ω) – *wagging*

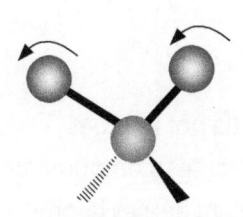

Deformação angular
assimétrica no plano
(ρ) – *rocking*

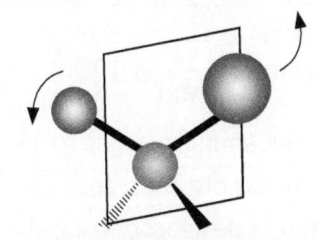

Deformação angular
assimétrica fora do plano
(τ) – *twisting*

Por convenção, a frequência de absorção no infravermelho é expressa em números de onda ($\tilde{v}$), cuja unidade é cm^{-1}. Números de onda são facilmente calculados pelo inverso do comprimento de onda, em cm.

Para converter um número de onda ($\tilde{v}$) em frequência (v), basta multiplicá-lo pela velocidade da luz (expressa em centímetros por segundo):

$$\tilde{v}\,(cm^{-1}) = \frac{1}{\lambda\,(cm)} \qquad v\,(Hz) = \tilde{v} \cdot c = \frac{c\left(\dfrac{cm}{s}\right)}{\lambda\,(cm)}$$

A razão pela qual químicos preferem expressar o número de onda como unidade é a relação diretamente proporcional existente entre número de onda e energia: maiores números de onda correspondem a maiores energias.

Dessa forma, em termos de número de onda, os espectros de infravermelho vibracional compreendem uma faixa de 4 000 a 400 cm^{-1}, correspondentes aos comprimentos de onda entre 2,5 e 25 µm.

Em bibliografias mais antigas, ainda são encontrados espectros expressos em comprimentos de onda. A conversão, nesse caso, pode ser feita usando-se as seguintes relações:

$$\text{cm}^{-1} = \frac{1}{\mu m} \times 10\,000 \quad \text{e} \quad \mu m = \frac{1}{\text{cm}^{-1}} \times 10\,000$$

Sabemos que cada molécula é constituída por ligações químicas distintas, envolvendo átomos diferentes, comprimentos e forças de ligações específicos, e que cada um desses fatores contribui para a movimentação vibracional e rotacional naturalmente presente nos compostos. No processo de absorção, são absorvidas as energias cujas frequências correspondem à frequência de vibração natural da molécula.

A energia absorvida serve para aumentar a amplitude dos movimentos vibracionais das ligações. Entretanto, alguns pré-requisitos são necessários para que se possa medir esse incremento energético a que o composto foi submetido.

Em outras palavras, esse aumento de amplitude de deformação deverá resultar em modificações passíveis de detecção.

Nem todas as ligações químicas são capazes de absorver energia no infravermelho, mesmo que a radiação eletromagnética seja equivalente à energia vibracional da ligação química em questão. Isso quer dizer que essas moléculas não estão em movimento? Certamente não.

Para que a absorção ocorra, é necessário que haja variações de momento de dipolo ao longo do tempo. Ligações simétricas, como nos compostos diatômicos H_2, Cl_2, O_2, por exemplo, não são capazes de absorver energia na região do infravermelho vibracional, uma vez que não apresentam variação de momento de dipolo.

Ligações simétricas que tenham grupos substituintes simétricos ou praticamente idênticos não absorverão energia no infravermelho vibracional e, consequentemente, não serão observadas bandas de resposta no espectro.

Alguns exemplos de compostos simétricos e pseudossimétricos são mostrados a seguir:

$$\begin{array}{c} H_3C \\ \diagdown \\ C=C \\ \diagup \\ H_3C \end{array} \begin{array}{c} CH_3 \\ \diagup \\ \\ \diagdown \\ CH_3 \end{array} \qquad H_3C-C\equiv C-CH_3$$

Compostos simétricos

$$\begin{array}{c} H_3C-CH_2 \\ \diagdown \\ C=C \\ \diagup \\ H_3C \end{array} \begin{array}{c} CH_3 \\ \diagup \\ \\ \diagdown \\ CH_3 \end{array} \qquad H_3C-\overset{H_2}{C}-C\equiv C-CH_3$$

Compostos pseudossimétricos

Vamos discutir, então, quais fatores influenciam, ou melhor, permitem diferenciar energeticamente as substâncias, possibilitando diferenciar ésteres de álcoois, amidas de aminas ou cetonas de ácidos carboxílicos, por exemplo.

Para explicar os fenômenos de absorção e as respectivas energias correspondentes a cada composto, uma aproximação matemática ao modelo de oscilador harmônico foi adotada pelos químicos, associando-se a ligação química entre dois átomos a uma mola, que conecta dois corpos de massa m, como ilustrado na Figura 3.5.

Figura 3.5 – Representação do modelo de oscilador harmônico

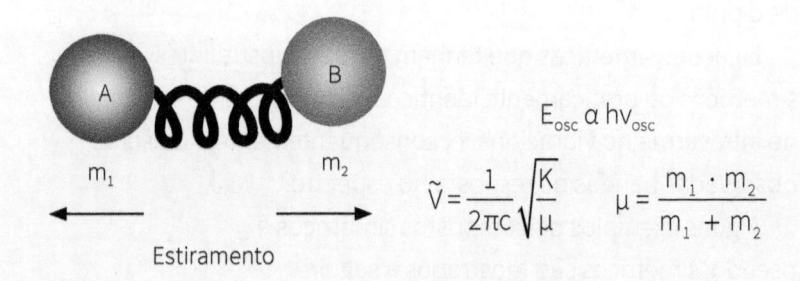

$$E_{osc} \, \alpha \, h\nu_{osc}$$

$$\tilde{\nu} = \frac{1}{2\pi c} \sqrt{\frac{K}{\mu}} \qquad \mu = \frac{m_1 \cdot m_2}{m_1 + m_2}$$

Estiramento

Intuitivamente, você já consegue perceber que, para movimentar os corpos sólidos A e B, a força que terá de utilizar será dependente da massa individual de cada um e, também, da rigidez da mola ou elástico. Transpondo essa aproximação para as moléculas, entendemos que, quando uma ligação vibra, sua energia de vibração está continuamente **mudando de energia cinética para energia potencial** e vice-versa.

A quantidade total de energia será proporcional à frequência da vibração. Nesse caso, a frequência da vibração é determinada pela constante de força K do elástico e pelas massas (m_1 e m_2) dos corpos sólidos A e B, que representam os átomos.

A frequência natural de vibração das ligações químicas é matematicamente expressa pela lei de Hooke para molas, representada na Figura 3.4. Perceba que a variável K, associada à força elástica, representa, nesse caso, a força das ligações químicas, enquanto a componente μ é associada à massa individual dos átomos envolvidos na ligação.

Preste atenção!

Segundo a lei de Hooke, quando aplicada sobre uma mola, uma força é capaz de deformá-la e, consequentemente, a mola produz uma força contrária à força externa, chamada de *força elástica*. Essa força torna-se maior de acordo com a deformação da mola.

Como resultado, ligações envolvendo átomos de massas idênticas terão maior frequência de absorção quanto maior for a contribuição da componente K, ou seja, quanto mais forte for a ligação química.

No esquema a seguir, temos um exemplo das variações de frequências de absorção (números de onda) para as ligações C–C:

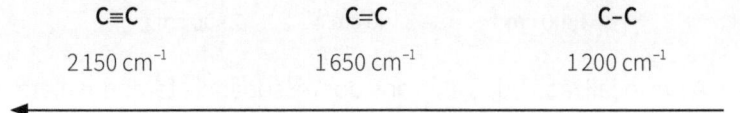

C≡C	C=C	C–C
2 150 cm^{-1}	1 650 cm^{-1}	1 200 cm^{-1}

← Força da ligação (K aumentando)

Ligações triplas são, em geral, mais fortes do que ligações duplas ou simples. Como você pode notar, quanto maior a força da ligação, maior a contribuição da componente K na expressão e, consequentemente, maiores as frequências de absorção.

O estiramento associado à ligação C–H ocorre em, aproximadamente, $3\,000\ cm^{-1}$. À medida que o átomo de H é substituído por outros átomos, variações na componente μ afetarão a frequência de absorção, conforme vemos no esquema a seguir:

C–H	C–C	C–O	C–Cl	C–Br	C–I
$3\,000\ cm^{-1}$	$1\,200\ cm^{-1}$	$1\,100\ cm^{-1}$	$750\ cm^{-1}$	$600\ cm^{-1}$	$500\ cm^{-1}$

Massa atômica (μ aumentando) →

A hibridização também exerce influência sobre a frequência de absorção observada, uma vez que também afeta a constante de força K. A força de ligação segue a ordem sp > sp^2 > sp^3.

Como resultado, as frequências de estiramento para as ligações C–H serão observadas em números de onda distintos, dependendo da hibridização do átomo de carbono, conforme mostrado no esquema a seguir:

≡C–H	=C–H	–C–H
$3\,300\ cm^{-1}$	$3\,100\ cm^{-1}$	$2\,900\ cm^{-1}$

A deslocalização dos elétrons por ressonância também afeta a força e o comprimento das ligações químicas. Ligações simples estarão, na forma canônica de ressonância, convertidas em ligações simples, afetando a frequência de absorção observada.

Enquanto uma cetona simples tem a vibração da ligação C=O em 1 715 cm^{-1}, uma cetona conjugada a uma ligação dupla absorve radiação infravermelha em uma frequência mais baixa, entre 1 675 e 1 680 cm^{-1}.

Observe que a conjugação torna mais acentuada a contribuição do híbrido de ressonância que atribui à ligação C–O a característica de ligação simples:

Como ligações simples são mais fracas que ligações duplas, a constante K é diminuída, reduzindo a frequência de absorção observada em sistemas conjugados.

O momento de dipolo de uma ligação química também influencia a intensidade da banda observada no espectro de IV. Ligações com maior momento de dipolo são mais intensas que ligações apolares. Um exemplo é a intensidade da banda observada para a ligação C=O e C=C, que identifica, de maneira inequívoca, a presença desses grupamentos na molécula (Gráfico 3.1).

A intensidade da banda também pode ser usada para fins quantitativos, uma vez que a concentração do composto na amostra vai refletir na intensidade do sinal.

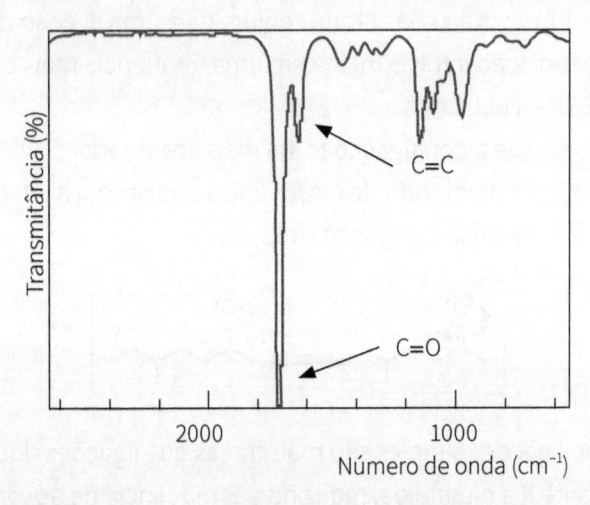

Gráfico 3.1 – Exemplo de absorção no IV de ligações C=C e C=O

Fonte: Pavia et. al, 2012, p. 27.

Com base nessas informações, as frequências comumente observadas para os diferentes grupos funcionais foram agrupadas em regiões do espectro de infravermelho, apresentadas em forma de gráficos, como o Gráfico 3.2, ou tabelas, e são consultadas sempre que a interpretação dos resultados é necessária.

Gráfico 3.2 – Absorções por região do espectro de infravermelho

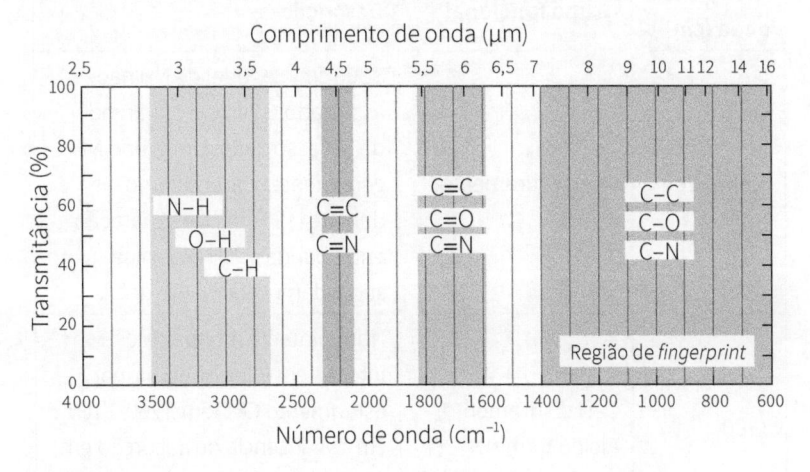

[Gráfico: Transmitância (%) vs Comprimento de onda (μm) / Número de onda (cm^{-1}). Faixas indicadas: N–H, O–H, C–H (≈3500–2800 cm^{-1}); C≡C, C≡N (≈2300–2100 cm^{-1}); C=C, C=O, C=N (≈1800–1600 cm^{-1}); C–C, C–O, C–N (≈1300–1000 cm^{-1}); Região de *fingerprint*.]

Fonte: Elaborado com base em Clayden; Greeves; Warren, 2012, p. 67.

Na Tabela 3.1, apresentamos uma compilação das principais frequências de absorção observadas em compostos orgânicos. Você pode consultá-la sempre que necessário.

Tabela 3.1 – Frequências características em espectroscopia de infravermelho

Número de onda (cm^{-1})	Grupo funcional	Descrição
3600-3400	O–H (Estiramento)	3600-3500 cm^{-1} (aguda, frequentemente débil) de OH livre ou não associado; 3400-3200 cm^{-1} (alargada) de OH associada.

(continua)

(Tabela 3.1 – continuação)

Número de onda (cm^{-1})	Grupo funcional	Descrição
3500-3200	N–H (Estiramento)	3300 cm^{-1} (aguda) de NH não associado; 3200 cm^{-1} (alargada) de NH associado. Um grupo NH$_2$ geralmente aparece como um dublete (~50 cm^{-1} de separação entre bandas); NH de amina secundária geralmente débil.
3300	C–H (Estiramento) Alcino terminal	Normalmente muito fina e intensa em RC≡CH; confirmar estiramento C≡C em 2260-2100 cm^{-1}. A ausência de absorção em 3300-3000 cm^{-1} indica a ausência de H ligado a C=C ou C≡C.
3100-3000	C–H (estiramento) Alcenos, arenos e ciclopropano	Geralmente débil em alcenos de massa molecular elevada. Ocorre sobreposição do estiramento simétrico de =CH$_2$ (2975 cm^{-1}) com a absorção dos alcanos.
3000-2800	C–H (estiramento) Alcanos	Geralmente intensa e multibandas pelo estiramento simétrico e assimétrico, bem como pelas diferenças dos grupos metila, metileno e metino. A ausência de absorção indica a falta de ligação H–C sp^3.

(Tabela 3.1 - continuação)

Número de onda (cm^{-1})	Grupo funcional	Descrição
2820-2720	C–H (estiramento) Aldeído	Geralmente aparecem duas bandas de combinação ou *overtone*. Correlacionar com a banda de estiramento C=O de aldeído a 1725 cm^{-1}.
2250-2225	C≡N (estiramento) Nitrila	2250 cm^{-1} nitrila não conjugada; 2225 cm^{-1} nitrila conjugada (uma calibração especial geralmente é necessária para distinguir entre elas).
2260-2100	C≡C (estiramento)	Moderada em alcinos terminais; ausente em alcinos simétricos.
2260-2100	C=X=Y (estiramento)	C=C=O (estiramento de cetenas) (2150 cm^{-1}) e N=C=O (estiramento de isocianatos) (2250 cm^{-1}).
1950	C=C=C (estiramento) Aleno	A intensidade depende da polaridade dos substituintes. Outras bandas na região 2500-1900 cm^{-1} podem ser causadas pelo estiramento S–H (2600-2550 cm^{-1}, débil) e pelo estiramento P–H (2440-2350 cm^{-1}, média), além de diversos *overtones* e absorções combinadas.

(Tabela 3.1 – continuação)

Número de onda (cm^{-1})	Grupo funcional	Descrição
1 820 e 1 760	C=O (estiramento) Anidrido de ácido	Aparecem duas bandas que são alteradas por conjugação e tamanho do anel, se cíclico. As bandas também estão presentes, mas mais juntas, nos peróxidos de diacila.
1 800	C=O (estiramento) Cloretos de acila	Baixam a 1 780-1 760 cm^{-1} por conjugação.
1 770	C=O (estiramento) γ–Lactona	Baixa a ~1 750 cm^{-1} por conjugação.
1 745	C=O (estiramento) Cetonas cíclicas de 5 membros	Baixa a ~1 715 cm^{-1} por conjugação.
1 735	C=O (estiramento) Ésteres	Baixa a ~1 710 cm^{-1} por conjugação. Desloca-se para ~1 760 cm^{-1} ao ter um grupo vinílico ligado ao oxigênio.
1 725	C=O (estiramento) Aldeídos	Baixa a ~1 690 cm^{-1} por conjugação.
1 715	C=O (estiramento) Cetonas	Baixa a ~1 680 cm^{-1} por conjugação. Desloca-se ~35 cm^{-1} por átomo a menos em anéis abaixo de 6 membros.
1 710	C=O (estiramento) Ácidos carboxílicos (dímero)	As bandas aparecem ~1 760 cm^{-1} nos monômeros (raramente observadas). Deslocam-se a 1 610-1 550 cm^{-1} em ânions carboxilato (sais).

(Tabela 3.1 – continuação)

Número de onda (cm^{-1})	Grupo funcional	Descrição
1690-1650	C=O (estiramento) Amidas	Formas associadas mostram estiramento C=O menor em ~30-40 cm^{-1}. A flexão NH$_2$ também produz uma forte absorção entre 1650-1600 cm^{-1}.
1650-1600	C=C (estiramento) Alceno	A frequência aumenta para ligação C=C exocíclica quando diminui o tamanho do anel. O oposto ocorre para ligação C=C endocíclica, exceto no ciclopropeno; a absorção ocorre em frequências menores em alcenos conjugados. Grupos polares aumentam a intensidade da banda.
1640	C=N (estiramento)	Geralmente esta banda é débil (comparada com a C=O).
1600 e 1500 e 1580-1450	C=C (estiramento) Núcleos aromáticos	Intensidade variável; intensa quando há grupos conjugados ou elétron doadores ligados. Outros sistemas também absorvem nessa região (p. ex., a flexão do grupo NH$_2$).
1600	NH$_2$ (flexão)	Úteis para identificar aminas primárias e amidas.
1540	NH (flexão)	Úteis para identificar aminas secundárias e amidas monossubstituídas; pode ser débil.

(Tabela 3.1 – continuação)

Número de onda (cm^{-1})	Grupo funcional	Descrição
1520 e 1350	NO$_2$ (estiramento simétrico e assimétrico)	Este par de bandas é normalmente muito intenso.
1410	CH$_2$CO	Para grupos metileno ligados a um grupo carbonila.
1325	CH (flexão)	Normalmente é débil.
1200	ArO	Estas bandas intensas indicam normalmente o estiramento C–O. A posição se desloca na presença de insaturações e ramificações, e vibrações de flexão superpostas levam a interpretações com incertezas.
1050	RSOR' (Sulfóxidos)	Intensa.
1330 e 1140	RSO$_2$R' (Sulfonas)	Dublete intenso (oscilador acoplado).
970	R–CH=CH–R (flexão)	Útil para distinguir alcenos 1,2-dissubstituídos E (trans) de Z (cis).
890	R$_2$C=CH$_2$ (flexão C–H)	Esta banda intensa identifica grupos metileno terminais. Ela se desloca de 20-80 cm^{-1} quando o metileno está ligado a um átomo ou grupo eletronegativo.
815	R$_2$C=CHR (flexão C–H)	Banda moderadamente intensa que caracteriza uma liga dupla trissubstituída.

(Tabela 3.1 – conclusão)

Número de onda (cm^{-1})	Grupo funcional	Descrição
730-675	R_H C=C H H (flexão C–H)	Geralmente alargada e, por vezes, escondida pela absorção do solvente (C–Cl).
750 e 690	Fenila monossubstituída Flexão C–H 5 hidrogênios adjacentes	Estas bandas, abaixo de 900 cm^{-1}, são normalmente muito intensas. Grupos retiradores de elétrons, como NO_2, aumentam a frequência em ~30 cm^{-1}. Solventes clorados escondem algumas destas bandas.
750	Fenilas orto–dissubstuídas	Flexão C–H 4 hidrogênios adjacentes.
780 e 700	Fenilas meta–dissubstuídas	Flexão C–H 3 hidrogênios adjacentes.
825	Fenilas para–dissubstuídas	Flexão C–H 2 hidrogênios adjacentes.
Regiões não úteis em IV, quando do uso de solventes, graças à absorção		
840-700	CCl_4	
3 000, 1 200, 840-700	$CHCl_3$	
1 600-1 400	CS_2	

Fonte: Elaborado com base em Pavia et al., 2012.

3.2 Como explorar e interpretar um espectro de infravermelho

Até agora, discutimos alguns parâmetros necessários para que a energia, na forma de radiação eletromagnética na faixa do infravermelho vibracional, seja absorvida pelo composto em análise. O espectrômetro de infravermelho vai gerar, ao final da medida, um gráfico que relaciona a intensidade das bandas de absorção com o número de onda correspondente. Em virtude das características intrínsecas de cada ligação química já mencionadas nas seções anteriores, padrões típicos para cada grupo funcional são observados, o que permite a identificação da presença destes na estrutura molecular.

Tanto a posição (número de onda, eixo x) quanto a forma e a intensidade são importantes para descrever o sinal registrado no espectro. Com base nessas informações, os químicos podem distinguir sinais potencialmente confusos e sugerir a presença dos grupos funcionais.

O Gráfico 3.3, a seguir, apresenta a comparação de três regiões do espectro de infravermelho em compostos distintos, ilustrando a diferença entre as bandas observadas.

Gráfico 3.3 – Exemplos de identificação de grupos funcionais em função da posição, do formato e da intensidade de bandas em infravermelho

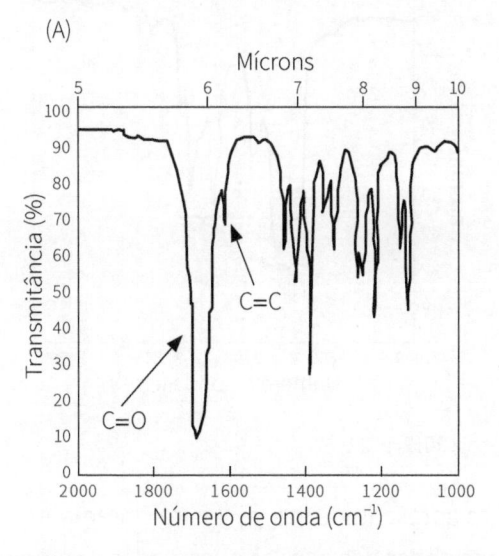

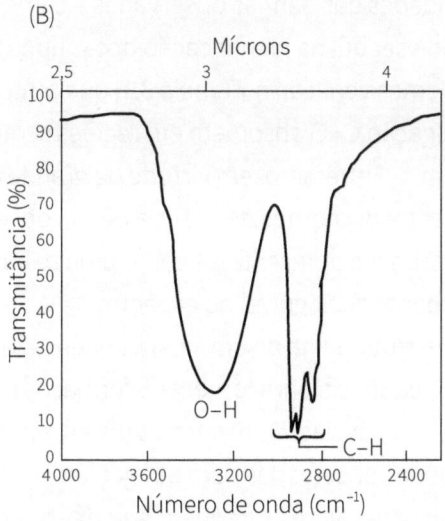

(A)

(B)

(continua)

Gráfico 3.3 – conclusão

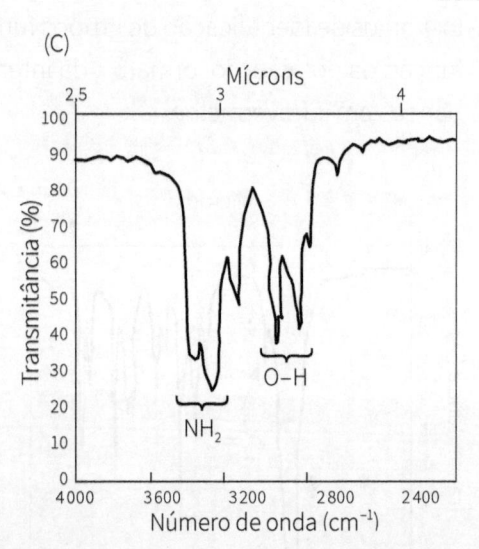

(C)

[Gráfico de espectro infravermelho mostrando Transmitância (%) vs Número de onda (cm⁻¹), com bandas identificadas para NH$_2$ e O–H]

Fonte: Pavia et al., 2012, p. 27.

O espectro apresentado em (A) ilustra claramente a diferença entre as intensidades das bandas observadas e como essa informação pode ser útil na identificação dos grupos funcionais presentes. Podemos verificar, na Tabela 3.1, que tanto a ligação C=C quanto a ligação C=O absorvem em regiões semelhantes (1 600 a 1 800 cm^{-1}). Entretanto, em virtude da grande diferença de polaridade entre os átomos de C e O, a banda observada para o grupo carbonila apresenta-se como uma banda intensa e, portanto, facilmente distinguível no espectro.

A forma e a estrutura fina de um sinal também são utilizadas com frequência para fornecer informações sobre a identidade das substâncias. Os espectros (B) e (C), por exemplo, mostram as bandas observadas para as ligações O–H e N–H, respectivamente. Apesar de as frequências de estiramento de ambas se sobreporem, a absorção N–H normalmente tem uma banda (padrão dissubstituído) ou duas bandas (padrão monossubstituído) de absorção finas e de menor intensidade, enquanto O–H, em geral, fornece sinais alargados e mais intensos.

Portanto, ao analisar os espectros que discutiremos como exemplo neste livro, você deve estar atento não só à frequência, mas também à forma e à intensidade das bandas que estão presentes. Muitas vezes, ao consultar dados espectroscópicos de descrição para compostos analisados por infravermelho, você poderá encontrar as bandas de absorção descritas como fortes (s, *strong*), médias (m, *middle*), fracas (w, *weak*), largas e finas.

Importante!

Para que você se familiarize com a interpretação de espectros de infravermelho, sugerimos um roteiro como guia prático. Além desse roteiro, lembre-se de sempre fazer uso de tabelas de correlação, como a Tabela 3.1. Há uma infinidade de tabelas disponíveis na literatura para que você possa identificar os grupos funcionais presentes na amostra em análise. Inicialmente, você pode traçar linhas em $3\,000\ cm^{-1}$, $1\,800\ cm^{-1}$ e $1\,400\ cm^{-1}$, dividindo, assim, a região espectral em quatro regiões principais, conforme mostrado ilustrativamente no Gráfico 3.2.

A região identificada como **Região 1** compreende os estiramentos acima de $3\,000\ cm^{-1}$, onde são observados sinais típicos de estiramento de ligações $H–C_{sp2}$ ou $H–C_{sp3}$, além dos estiramentos N–H e O–H.

A **Região 2**, entre 1500 e 1800 cm^{-1}, apresenta bandas características de ligações C=O, C=N e C=C.

A **Região 3**, entre 1800 e 3000 cm^{-1}, apresenta, geralmente, poucos sinais, concentrados entre 2800 e 3000 cm^{-1}, atribuídos aos estiramentos H–C$_{sp3}$. Além desses, também podem ser observadas bandas em, aproximadamente, 2200 cm^{-1}, quando o composto apresenta ligações do tipo C≡N ou C≡C de alcinos terminais.

A **Região 4**, também conhecida como *região de fingerprint*, compreende absorções de 400 a 1500 cm^{-1}. Nesse intervalo, são observados sinais de dobramentos, úteis para confirmar as informações que foram obtidas nas regiões 1 a 3.

Com isso em mente, ao analisar uma amostra desconhecida, você deve concentrar esforços em identificar a presença (ou a ausência) dos principais grupos funcionais: C=O, O–H, N–H, C–O, C=C, C≡C, C≡N, NO$_2$ e compostos aromáticos.

Essas ligações apresentam absorções claramente observáveis no espectro e fornecem um ponto de partida para a identificação estrutural. Lembre-se de que **cada técnica espectroscópica fornecerá uma resposta distinta** e, muitas vezes, complementares entre si para que a identificação inequívoca dos compostos orgânicos possa ser feita.

Por esse motivo, não tente identificar de forma detalhada cada sinal do espectro de IV. Essa técnica, como já mencionamos, é uma ferramenta muito útil na identificação dos grupos funcionais presentes e, dessa forma, será explorada nos exemplos selecionados.

A seguir, listamos algumas das observações mais óbvias de espectros de infravermelho.

1. Há um grupo C=O presente?

   O grupo C=O dá origem a uma absorção forte, geralmente a mais intensa do espectro, entre 1 660 e 1 820 cm^{-1}.

2. Se C=O presente, verifique as seguintes possibilidades:

   Ácidos
   ☐ Banda O–H presente?
   ☐ Banda larga acima de 3 000 cm^{-1}.

   Amidas
   ☐ Banda N–H presente?
   ☐ Banda média acima de 3 000 cm^{-1}, podendo ser um sinal duplo, com intensidades semelhantes.

   Ésteres
   ☐ Há presença da ligação C–O?
   ☐ Bandas de intensidade forte, entre 1 000 e 1 300 cm^{-1}.

   Anidridos de ácidos
   ☐ Duas absorções de C=O, próximas a 1 810 e 1 760 cm^{-1}.

   Aldeídos
   ☐ Estiramento de ligação C–H na forma de duas bandas fracas, próximas a 2 850 e 2 750 cm^{-1} no lado direito das absorções C–H alifáticos.

   Cetonas
   ☐ As possibilidades anteriores foram eliminadas.

3. Se C=O ausente, verifique as seguintes possibilidades:

    Álcoois, fenóis
    - Verificar a presença de grupo O–H; existência de banda larga acima de 3 000 cm^{-1}.
    - Confirmar a presença de banda C–O (1 300 a 1 000 cm^{-1}).

    Aminas
    - Observar presença de N–H: absorções médias, próximas a 3.400 cm^{-1}.

    Éteres
    - Existência de banda C–O (1 300 a 1 000 cm^{-1}) e ausência de banda O–H.

4. Ligações duplas e/ou anéis aromáticos
    - C=C dá origem a uma banda fraca próxima a 1 650 cm^{-1}.
    - São observadas bandas de intensidade média a forte na região de 1 600 a 1 450 cm^{-1}, associadas normalmente a anéis aromáticos.
    - Confirmar a ligação dupla ou anel pela região de absorção da ligação C–H acima de 3 000 cm^{-1}.

5. Ligações triplas
    - C≡N, absorção média, fina, próxima a 2 250 cm^{-1}.
    - C≡C, absorção fraca, fina, próxima a 2 150 cm^{-1}. Verificar a existência de C–H acetilênica próxima a 3 300 cm^{-1}.

6. Grupo NO$_2$
    - Duas absorções fortes de 1 600 a 1 530 cm^{-1} e de 1 390 a 1 300 cm^{-1}.

7. Hidrocarbonetos
   □ Nenhuma das absorções anteriores são observadas.
   Os sinais majoritários são observados entre
   2 800 e 3 000 cm^{-1} referentes às ligações C–H.

3.3 Exemplos representativos de espectros de infravermelho

A seguir, examinaremos as principais características observadas nos espectros de infravermelho de grupos funcionais comumente encontrados em compostos orgânicos. O grupo carbonila, ou carboxila, é um dos mais importantes grupos funcionais; está presente em inúmeras moléculas e apresenta bandas de absorção facilmente visualizadas nos espectros.

Em vista disso, dividiremos a abordagem entre compostos que apresentam o grupo carbonila (carbonilados) e compostos que não apresentam o grupo C=O (não carbonilados).

3.3.1 Compostos não carbonilados

No Gráfico 3.4, vemos um espectro típico do *n*-pentano, representando a classe de hidrocarbonetos. Observe que o espectro apresenta apenas as absorções referentes às ligações H–C$_{sp3}$ como bandas majoritárias, abaixo de 300 cm^{-1}.

Gráfico 3.4 – Espectro de IV do *n*-pentano (líquido puro, placas de KBr)

$CH_3CH_2CH_2CH_2CH_3$

C—H

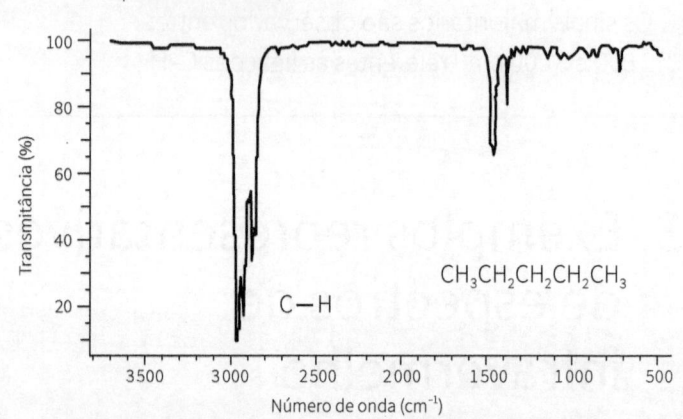

No Gráfico 3.5, vemos o espectro do 1-penteno. Nesse caso, observe a presença de uma banda na Região 1, acima de 3 000 cm^{-1}, que indica a presença de ligação H–C$_{sp2}$. Além disso, a banda de estiramento C=C, em ~1 600 cm^{-1}, confirma a presença de um alceno.

Gráfico 3.5 – Espectro de infravermelho do *n*-pentano (líquido puro, placas de KBr)

C=C—H

$\text{H}_2\text{C=CH—CH}_2\text{CH}_2\text{CH}_3$

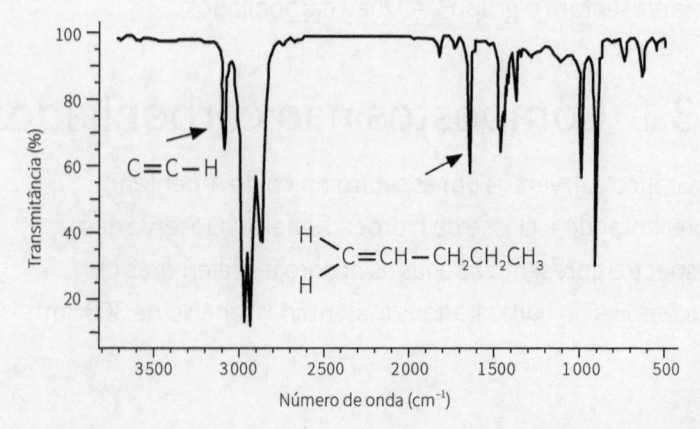

Informações acerca da estereoquímica da dupla ligação de alcenos podem ser obtidas por meio de espectros de infravermelho. Compare, por exemplo, os espectros para o ciclo-hexeno e do *trans*-2-peteno no Gráfico 3.6.

Perceba que os estiramentos C=C de duplas ligações cis e trans terão intensidades distintas. Isso ocorre porque ligações simetricamente dissubstituídas (trans) apresentam fracas alterações no momento de dipolo e, consequentemente, terão bandas menos intensas.

Gráfico 3.6 – Espectros de infravermelho do ciclo-hexeno e do *trans*-2-penteno (líquido puro, placas de KBr)

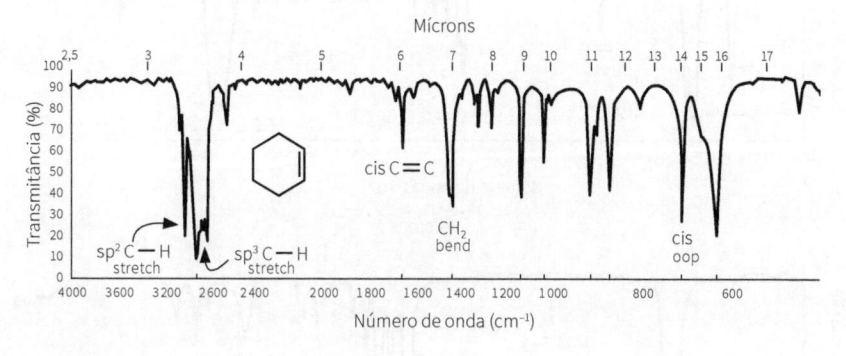

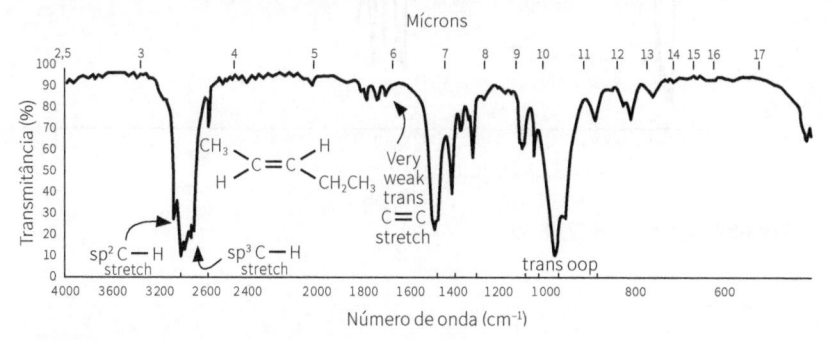

Fonte: Pavia et al., 2012, p. 34.

No Gráfico 3.7, vemos outra comparação importante. Observe que a presença de uma banda próxima a 3 300 cm^{-1} indica o estiramento da ligação H–C$_{sp}$, que, juntamente com a banda em ~2 300 cm^{-1}, aponta para a identificação do alcino. Entretanto, no espectro do 4-octino, a tripla ligação interna confere simetria à molécula, portanto a ligação C–C não é observada.

Gráfico 3.7 – Espectros de infravermelho do 1-octino e do 4-octino (líquido puro, placas de KBr)

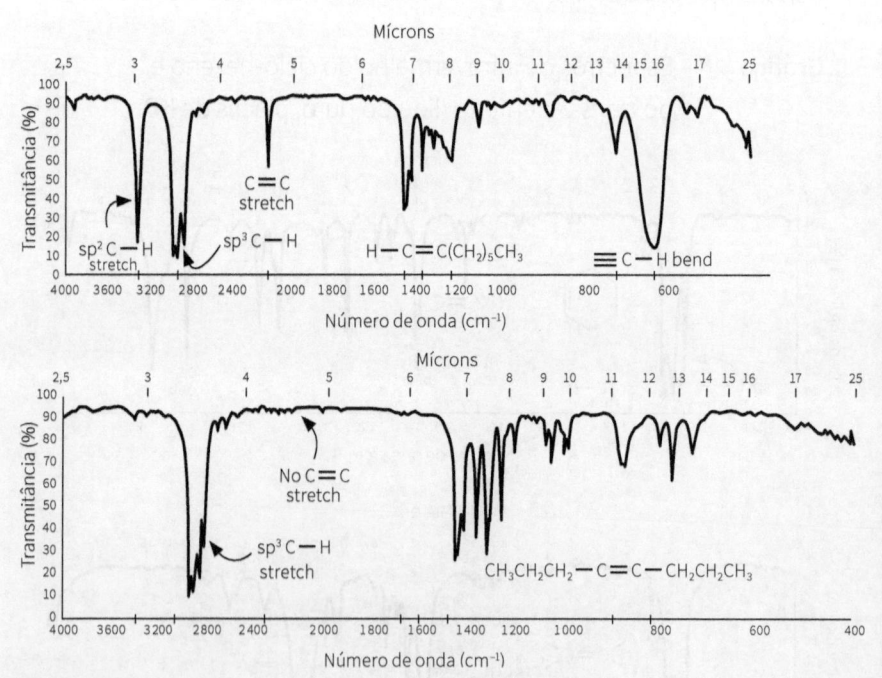

Fonte: Pavia et al., 2012, p. 35.

Os compostos aromáticos apresentam várias bandas de absorção no espectro de infravermelho, sendo que muitas delas não servem para a identificação do grupo funcional. Além do estiramento H–C_{sp2}, comum também aos alcenos, especial atenção deve ser dedicada à Região 3, entre 1 800 e 2 000 cm^{-1}. As bandas de absorção presentes nesse intervalo, juntamente com as informações da Região 4, de *fingerprint*, servirem para diferenciar o padrão de substituição aromático, conforme ilustrado no Gráfico 3.8. Contudo, lembre-se de que o infravermelho é muito útil para identificar os grupos funcionais. Logo, você poderá rapidamente perceber, a partir do espectro, que a amostra contém uma substância aromática.

A determinação do padrão de substituição e dos grupos que estão ligados ao anel deve ser feita de forma inequívoca, explorando-se técnicas como ressonância magnética nuclear ou espectrometria de massas.

Gráfico 3.8 – Espectros de infravermelho característicos de aromáticos

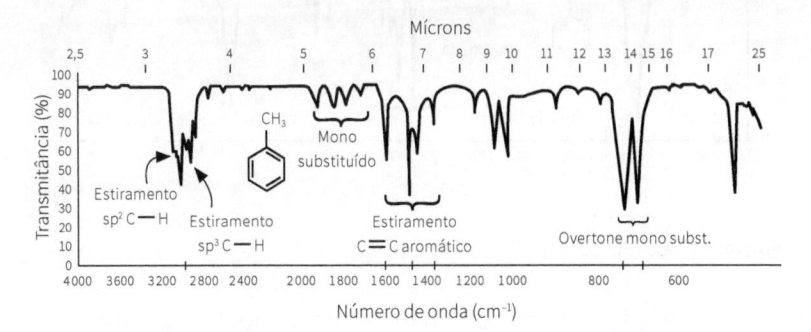

(continua)

(Gráfico 3.8 – conclusão)

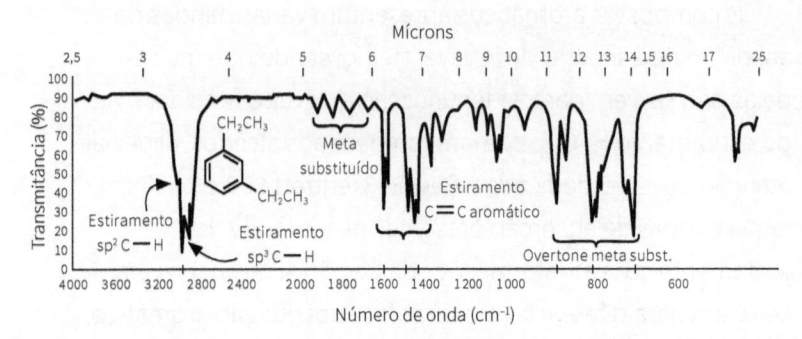

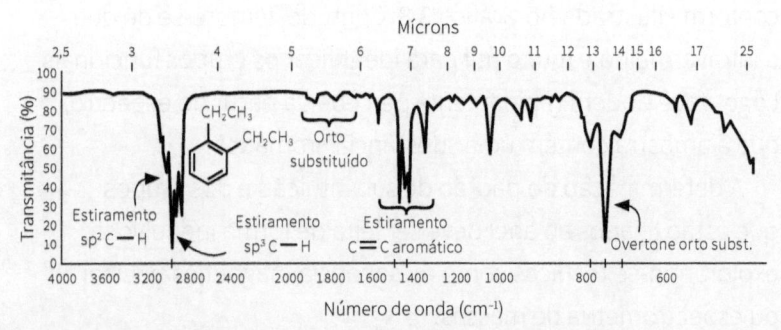

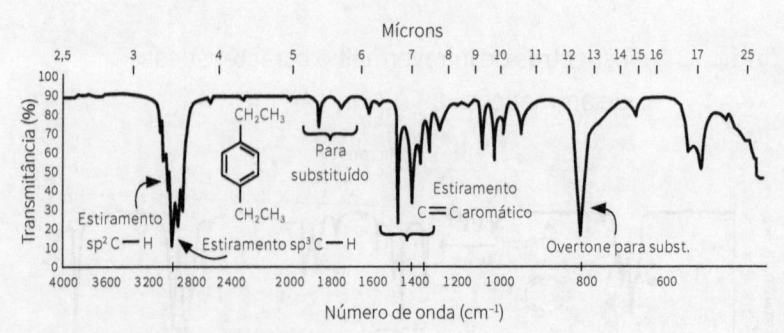

Fonte: Pavia et al., 2012, p. 43.

A identificação de álcoois ou fenóis por meio do espectro de infravermelho é rapidamente acessada pela verificação da presença da banda de estiramento O–H, acima de $3\,000$ cm^{-1}, combinada à ausência de bandas entre 1 600 e 1 800 cm^{-1} (Região 2), típicas de compostos carbonilados.

O formato da banda O–H também pode fornecer informações importantes acerca da concentração da espécie em solução. Quanto mais concentrada a amostra, mais intensas as interações intermoleculares por ligações de hidrogênio, o que torna a banda alargada, como ilustra o Gráfico 3.9(A). Essa é a situação normalmente visualizada em análises de líquidos puros ou soluções altamente concentradas. À medida que a amostra é diluída, bandas finas são observadas acima de 3 500 cm^{-1}, o que indica a presença de O–H livres, como mostra o Gráfico 3.9(B) e (C).

Gráfico 3.9 – Comparação de absorções O–H em diferentes concentrações

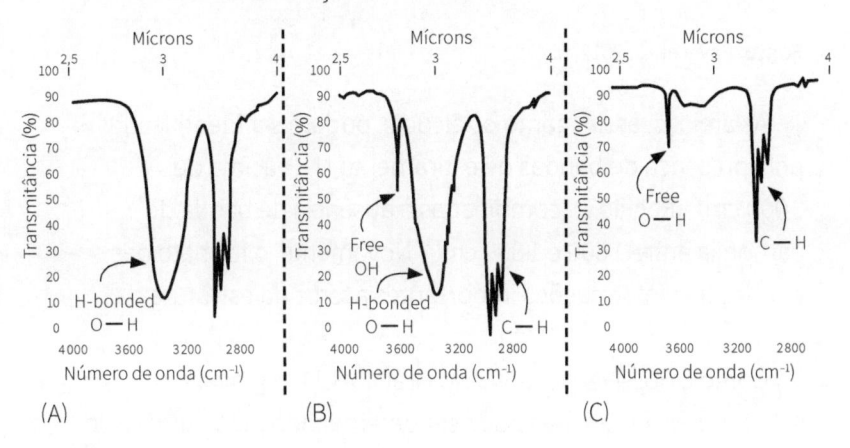

(A) (B) (C)

Fonte: Pavia et al., 2012, p. 45.

Em fenóis, além do estiramento da ligação O–H, os sinais característicos de anéis aromáticos devem estar presentes no espectro. Tanto álcoois quanto fenóis apresentam também o estiramento da ligação C–O, observada entre 1 000 e 1 260 cm^{-1}, que, em vista da polaridade da ligação, devem apresentar-se como bandas de média e forte intensidade (Gráfico 3.10).

Gráfico 3.10 – Espectro de infravermelho do para-cresol
(líquido puro, placas de KBr)

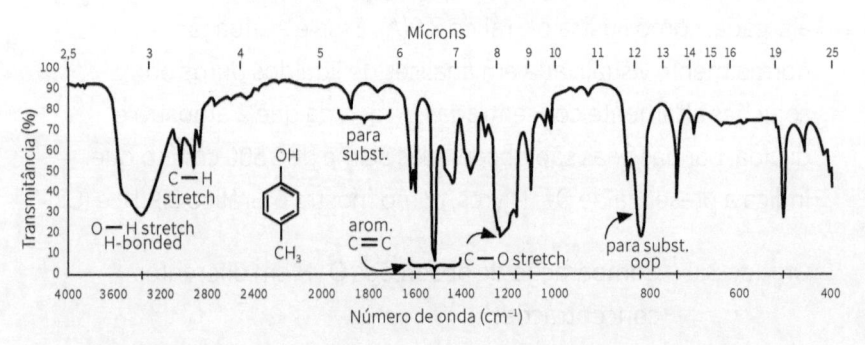

Fonte: Pavia et al., 2012, p. 47.

As aminas, assim como os álcoois, podem ser identificadas pela presença de bandas de estiramento N–H acima de 3 000 cm^{-1} (Região 1), combinadas à ausência de banda de carbonila entre 1 600 e 1 800 cm^{-1}. Novamente, o formato das bandas traz informações importantes acerca da estrutura da amina.

Como é possível observar no Gráfico 3.11, o grau de substituição das aminas pode ser determinado pelo número de bandas presentes no espectro. Observe que, no caso de aminas trissubstituídas, nenhuma absorção nessa região é apresentada.

Gráfico 3.11 – Comparação dos espectros das aminas butilamina, dibutilamina e tributilamina (líquido puro, placas de KBr)

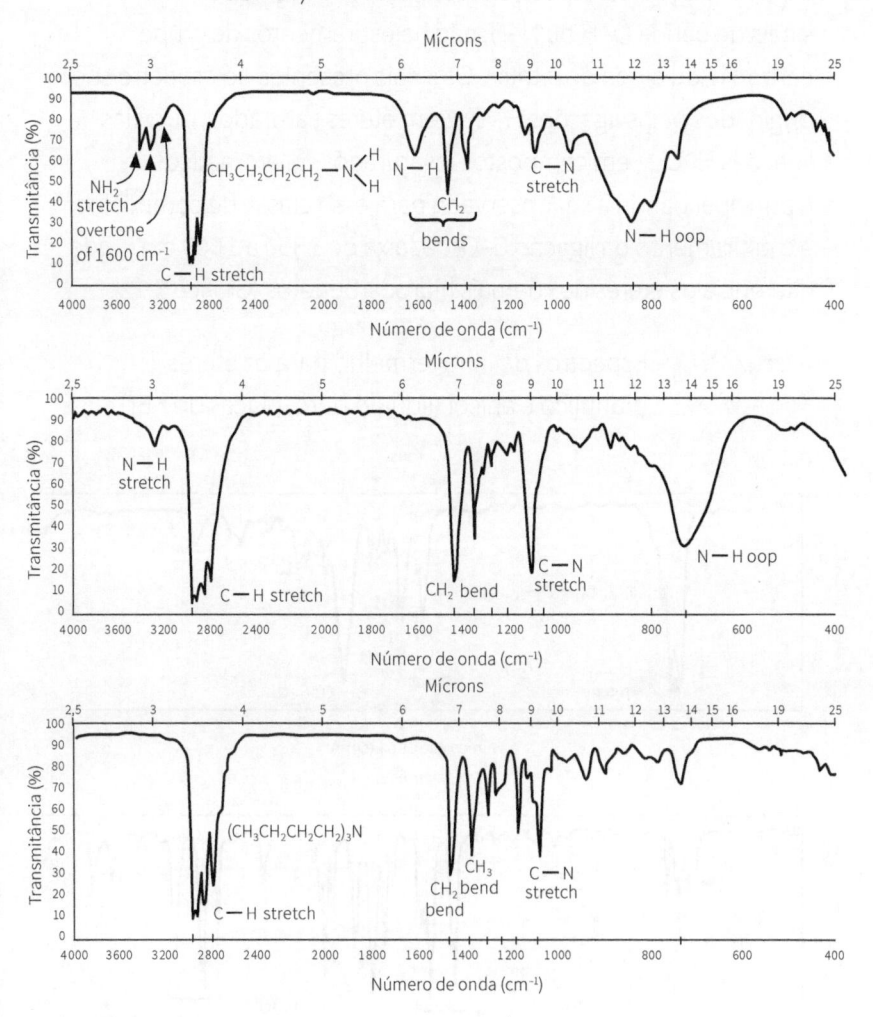

Fonte: Pavia et al., 2012, p. 72-73.

Os éteres são geralmente identificados por exclusão, uma vez que, nesse caso, a ausência de sinais é a informação que conduz a interpretação do espectro. Nesse caso, não são observados sinais de banda O–H ou N–H, não há estiramentos de grupo carbonila ou ainda de nitrilas. Os sinais presentes no espectro são originados pelas ligações H–C_{sp3}, em éteres saturados, ou pelas ligações H–C_{sp2}, em compostos insaturados ou aromáticos. A principal banda a ser observada para essa classe de compostos é o estiramento da ligação C–O, na faixa de 1300 a 1000 cm^{-1}, que diferencia os éteres dos demais hidrocarbonetos (Gráfico 3.12).

Gráfico 3.12 – Espectros de infravermelho para os éteres dibutílico e anisol (líquido puro, placas de KBr)

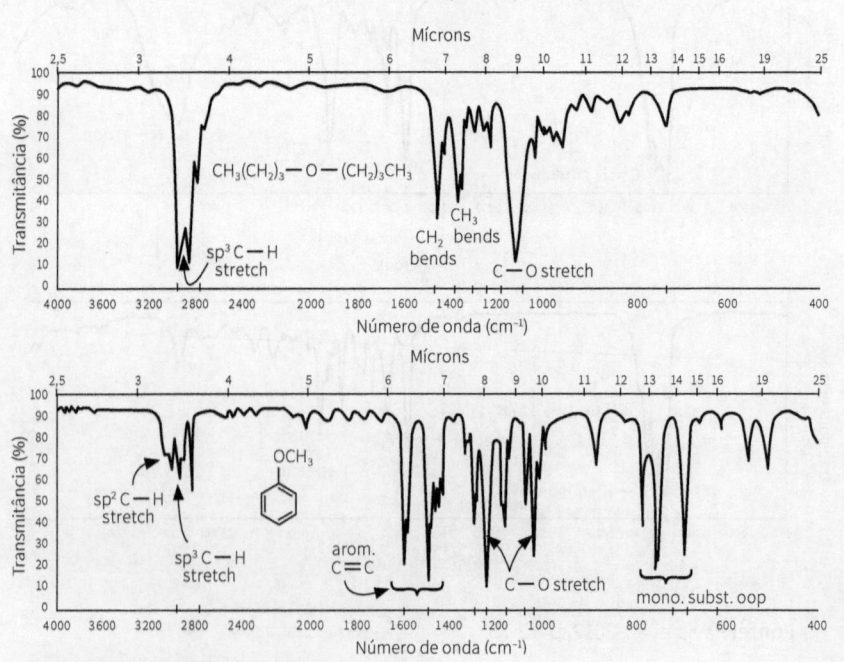

Fonte: Pavia et al., 2012, p. 50.

3.3.2 Compostos carbonilados

Os compostos carbonilados e derivados incluem aldeídos, cetonas, ácidos carboxílicos, ésteres, amidas, entre outros. Esse grupo funcional está presente na grande maioria dos compostos orgânicos e, por essa razão, com frequência, encontram-se espectros contendo bandas fortes na região entre 1 500 e 1 800 cm^{-1} (Tabela 3.2).

Tabela 3.2 – Números de onda característicos para compostos carbonilados

Função	v_{co} (cm^{-1})	Função	v_{co} (cm^{-1})
Anidrido (banda 1)	1 810	Aldeído	1 725
Cloreto de ácido	1 800	Cetona	1 715
Anidrido (banda 2)	1 760	Ácido carboxílico	1 710
Éster	1 735	Amida	1 690

Fonte: Elaborado com base em Pavia et al., 2012.

Tomaremos como base a frequência de absorção das cetonas que apresentam estiramento C=O em 1 715 cm^{-1}, aproximadamente. Vamos discutir as diferenças estruturais que provocam as alterações de frequência em cada grupo, uma vez que estas são sensíveis aos átomos ligados ao grupo carbonílico.

A diferença observada nas absorções pode ser explicada por meio do efeito retirador de elétrons (efeitos indutivos), efeitos de ressonância e ligação de hidrogênio. Nas cetonas, a frequência de absorção é resultado da deslocalização eletrônica por ressonância, presente em todos os compostos carbonilados, como ilustrado na Figura 3.6, a seguir.

Figura 3.6 – Absorções típicas de cetonas, amidas e sistemas conjugados

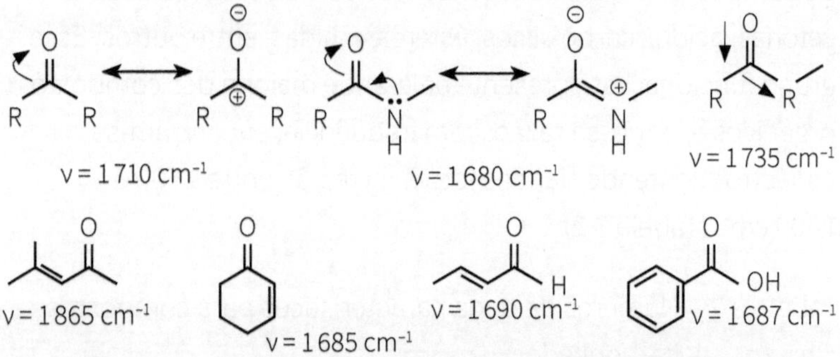

ν = 1710 cm⁻¹ ν = 1680 cm⁻¹ ν = 1735 cm⁻¹

ν = 1865 cm⁻¹ ν = 1685 cm⁻¹ ν = 1690 cm⁻¹ ν = 1687 cm⁻¹

À medida que grupos que favoreçam essa deslocalização são ligados à carbonila, como nas amidas, a contribuição do híbrido de ressonância é acentuada e a ligação C=O assume características de ligação simples. Com isso, a absorção passa para menores números de onda, já que ligações simples são mais fracas do que ligações duplas, resultando em bandas em 1690 cm⁻¹ para amidas.

A mesma situação é observada em cetonas conjugadas. A conjugação permite acentuar a característica de ligação C–O, baixando as frequências de absorção para menores números de onda em cetonas conjugadas (Gráfico 3.13).

Gráfico 3.13 – Espectros de infravermelho da propionamida e da N-metilacetamida (líquido puro, cela de KBr)

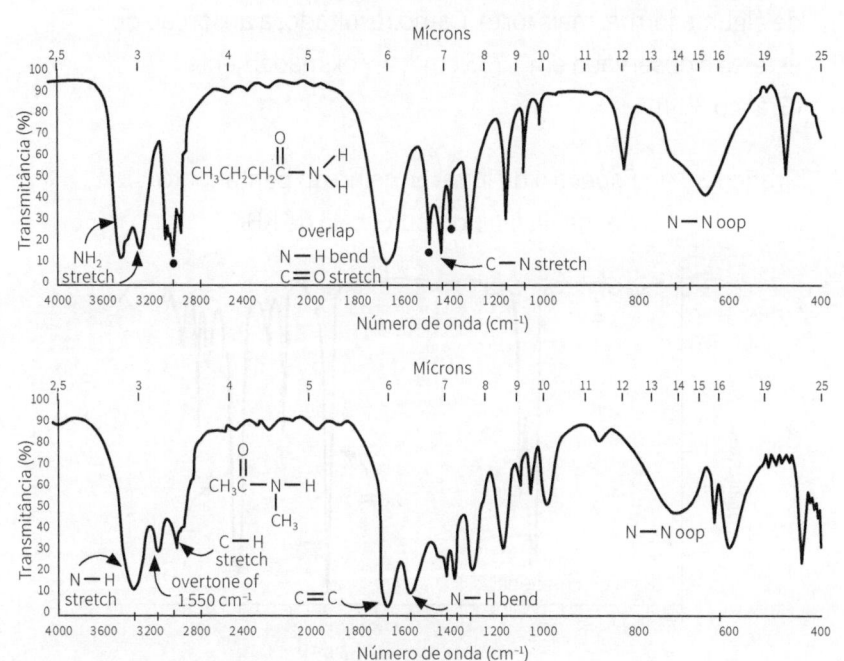

[Espectro da propionamida: $CH_3CH_2CH_2C(=O)-NH_2$, com bandas identificadas — NH_2 stretch, overlap N—H bend / C=O stretch, C—N stretch, N—N oop]

[Espectro da N-metilacetamida: $CH_3C(=O)-N(H)-CH_3$, com bandas identificadas — N—H stretch, C—H stretch, overtone of 1550 cm^{-1}, C=C, N—H bend, N—N oop]

Fonte: Elaborado com base em Pavia et al., 2012, p. 68.

Devemos observar, novamente, que as informações das absorções de estiramento N–H podem contribuir com a identificação do grau de substituição da amida. Nos espectros do Gráfico 3.13, duas bandas fortes acima de 3 000 cm^{-1} estão presentes no espectro da amida primária, enquanto apenas uma banda N–H é encontrada no espectro da amida secundária.

Em ésteres, por exemplo, o efeito retirador de elétrons do átomo de oxigênio contribui para que a ligação C=O fique, de alguma forma, mais forte. Como resultado, a absorção de ésteres é observada em 1 735 cm^{-1}, aproximadamente (Gráfico 3.14).

Gráfico 3.14 – Espectro de infravermelho do pentanoato de metila (líquido puro, cela de KBr)

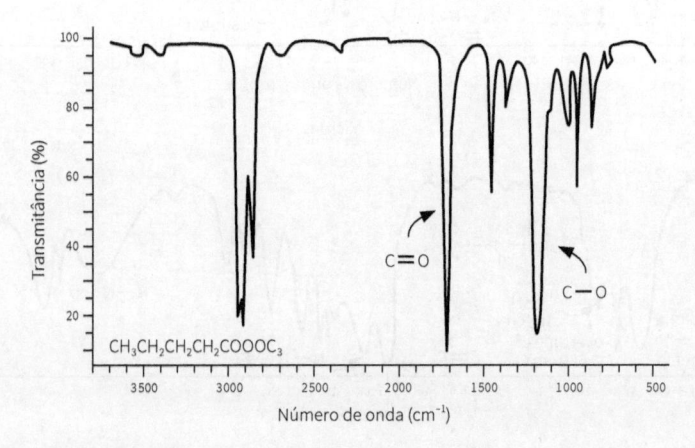

O efeito retirador de elétrons é ainda mais acentuado em cloretos de acila, que apresentam frequências de absorção em aproximadamente 1 800 cm^{-1} (Gráfico 3.15).

Gráfico 3.15 – Espectro de infravermelho do cloreto de acetila
(líquido puro, cela de KBr)

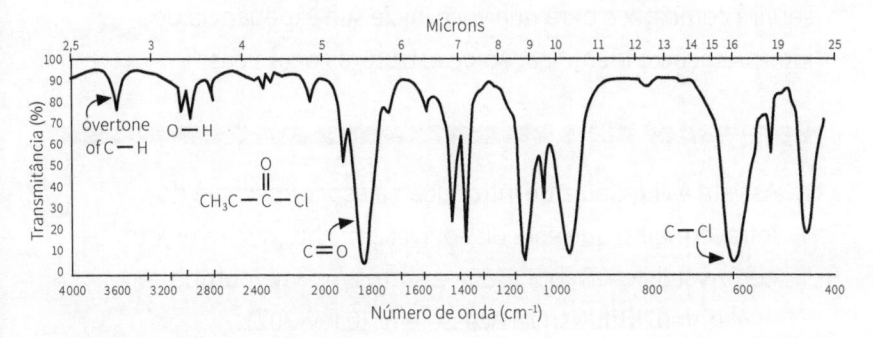

Fonte: Elaborado com base em Pavia et al., 2012, p. 70.

Os anidridos apresentam duas bandas fortes dos grupos C=O, que não têm, necessariamente, igual intensidade. Essas duas bandas resultam do estiramento simétrico e assimétrico da ligação C=O (Gráfico 3.16).

Gráfico 3.16 – Espectro de infravermelho do anidrido pentanoico
(líquido puro, cela de KBr)

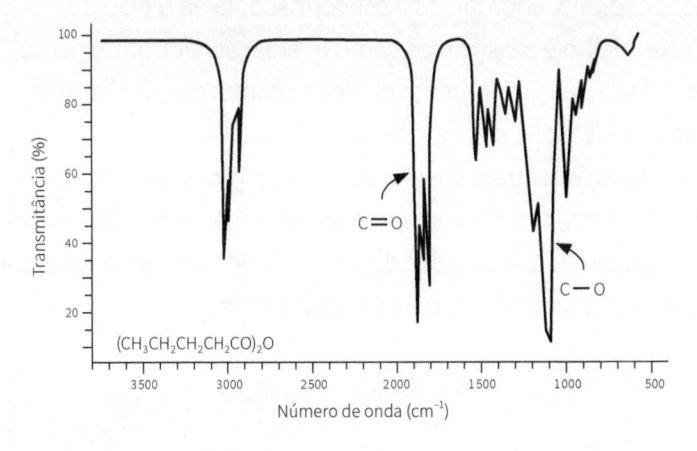

Este livro não tem a pretensão de discutir todos os aspectos pertinentes à espectroscopia de infravermelho. Esta introdução servirá como base para que você inicie sua experiência de interpretação e identificação de estruturas orgânicas.

Para saber mais

1. Assista à videoaula de introdução à espectroscopia no infravermelho que está disponível em: <https://www.youtube.com/watch?v=0S_bt3JI150> e <https://www.youtube.com/watch?v=u2IBdtINsrQ>. Acesso em: 10 fev. 2021.
2. Assista a um vídeo da Royal Society of Chemistry sobre a espectroscopia no infravermelho. Disponível em: <https://www.youtube.com/watch?v=DDTIJgIh86E>. Acesso em: 10 fev. 2021.

Síntese

Neste capítulo, abordamos a espectroscopia na região do infravermelho e mostramos como a radiação eletromagnética nessa faixa de comprimento de onda promove variações no modo de vibração das ligações químicas.

A interação entre a energia e a matéria promove a ampliação desse movimento, naturalmente presente nas moléculas, sendo a energia quantizada traduzida na forma de bandas de absorção, específicas para cada tipo de ligação química.

Vimos, também, que os padrões geralmente observados são ferramentas muito importantes para o reconhecimento dos grupos funcionais presentes na amostra em estudo, auxiliando de forma simples e prática na identificação dos compostos orgânicos.

Atividades de autoavaliação

1. Considerando as estruturas de diferentes compostos orgânicos, submetidos à análise por espectroscopia no infravermelho, avalie as afirmativas acerca dessas moléculas e julgue se são verdadeiras (V) ou falsas (F):

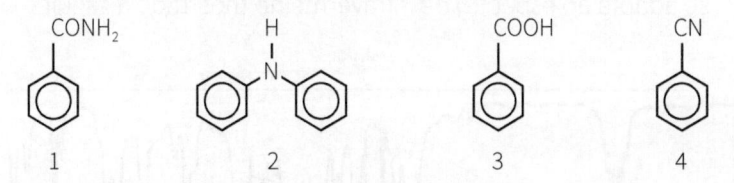

| 1: C₆H₅–CONH₂ | 2: C₆H₅–NH–C₆H₅ | 3: C₆H₅–COOH | 4: C₆H₅–CN |

( ) A banda de absorção característica para o composto 4 é observada na região entre 2270 e 2210 cm^{-1}.

( ) O composto 1 apresenta como característica a presença de um grupo funcional amida, que, por ser primária, não apresenta bandas de absorção acima de 3000 cm^{-1}.

( ) O composto 2 apresenta simetria e, portanto, é inerte à radiação eletromagnética na região do infravermelho.

( ) Ácidos carboxílicos são facilmente observados no espectro de infravermelho em virtude da presença de uma banda característica de carboxila em torno de 1 710 cm⁻¹, além da banda de estiramento de ligação O-H, acima de 3 000 cm⁻¹.

( ) Por se tratar de compostos aromáticos, não é possível diferenciar os compostos 1-4 pela espectroscopia no infravermelho.

Agora, assinale a alternativa com a sequência correta:

a) V, F, F, V, F.
b) V, V, F, V, F.
c) V, F, V, V, F.
d) V, F, F, F, F.
e) V, F, F, V, V.

2. Assinale a alternativa que apresenta o composto que melhor se adapta ao espectro de infravermelho mostrado a seguir:

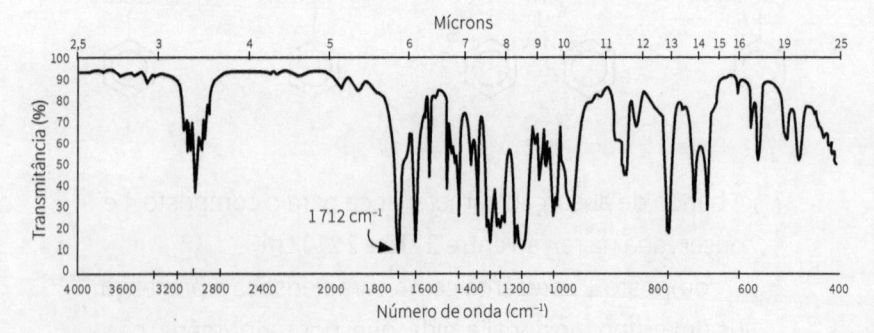

[Espectro de infravermelho com banda em 1 712 cm⁻¹]

Fonte: Pavia et al., 2012, p. 89.

a) 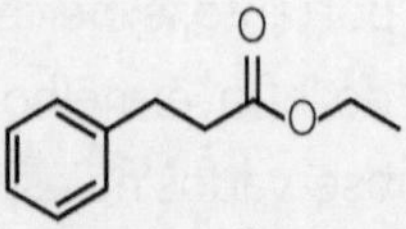 [estrutura: fenil-CH₂-CH₂-C(=O)-O-CH₂CH₃]

b) 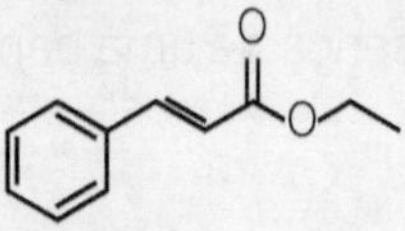 [estrutura: fenil-CH=CH-C(=O)-O-CH₂CH₃]

c) [estrutura: fenil-CH₂-CH₂-C(=O)-CH₂-CH₂-CH₃]

d) [estrutura: fenil-O-C(=O)-CH₂-CH=CH-CH₃]

3. Assinale a alternativa que melhor representa o composto associado ao espectro de infravermelho mostrado a seguir:

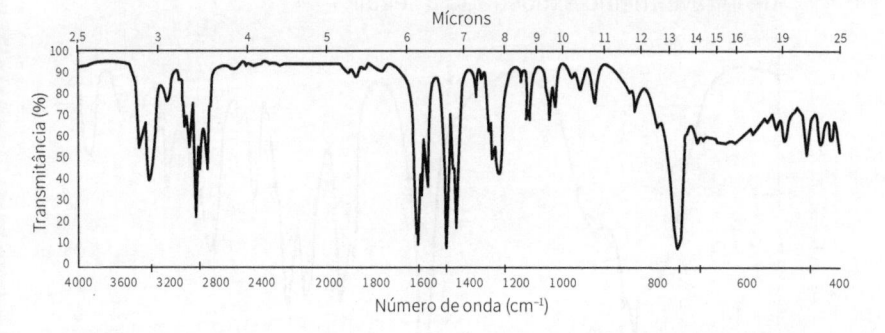

[Espectro de infravermelho: Transmitância (%) vs Número de onda (cm⁻¹), eixo superior em Mícrons]

Fonte: Pavia et al., 2012, p. 90.

a) [estrutura: fenil-NH-CH₂-CH₃]

b) [estrutura: fenil-N(CH₃)-CH₃]

c) [estrutura: 4-etilanilina, CH₃CH₂-C₆H₄-NH₂]

d) [estrutura: 2-etilanilina, CH₃CH₂-C₆H₄-NH₂ (orto)]

4. Estudantes de um laboratório de química orgânica receberam uma amostra de manteiga rançosa com a incumbência de isolar e identificar o ingrediente que lhe dá o odor característico. Depois de efetuar a extração da manteiga rançosa com uma base, observaram que o odor podia ser removido e que a acidificação do extrato básico o regenerava. Após trabalho considerável, foi isolado o composto responsável pelo odor, de fórmula $C_4H_8O_2$, cujo espectro de infravermelho é mostrado a seguir:

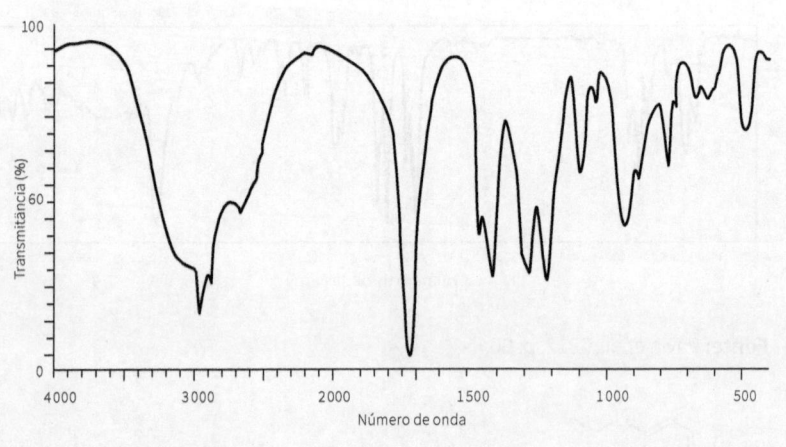

Assinale a alternativa que identifica corretamente de que substância se trata:
a) Éster.
b) Terpeno.
c) Ácido carboxílico.
d) Fenol.
e) Alcino.

5. A seguir são apresentados espectros de infravermelho de diferentes grupamentos funcionais. Com base em dados espectroscópicos tabelados, identifique a alternativa que associa corretamente cada espectro ao respectivo composto:

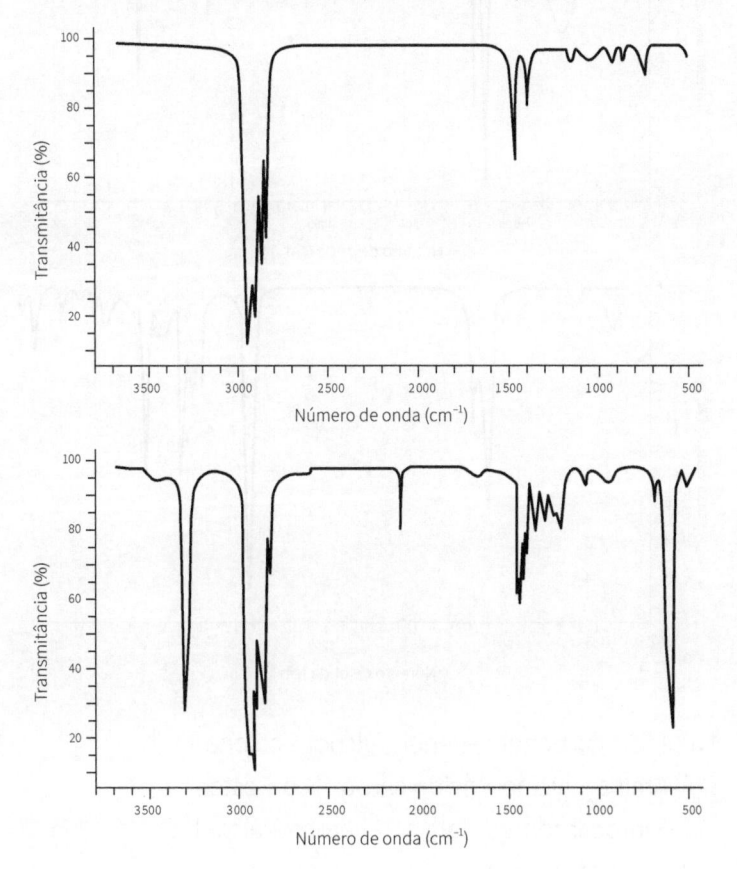

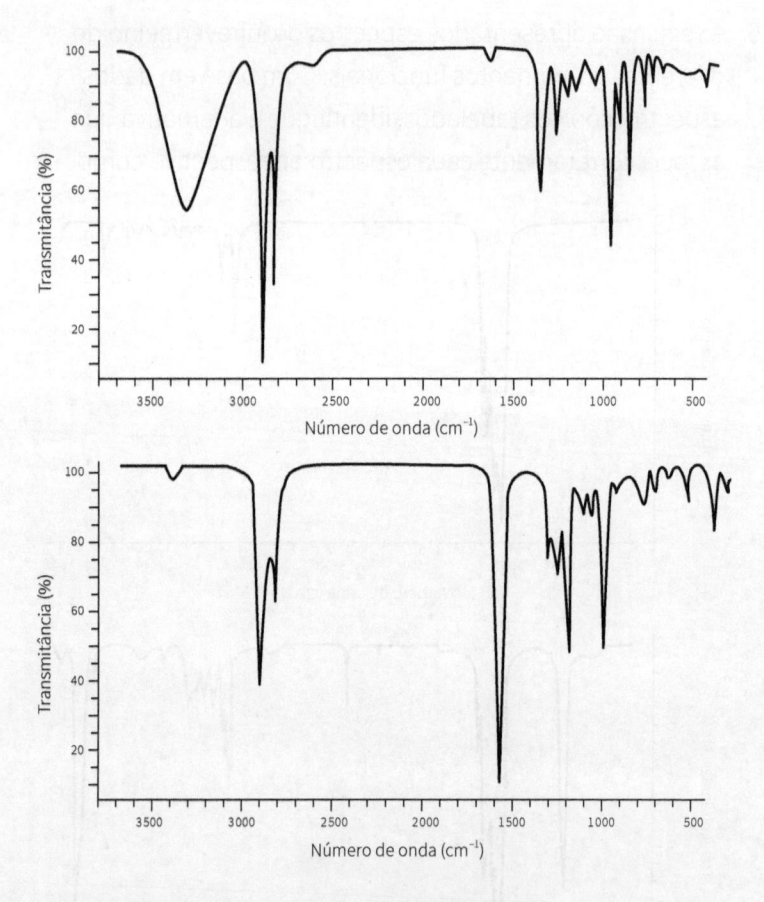

a) Hidrocarboneto – fenol – álcool – cetona.
b) Amina – alcino – ácido carboxílico – éster.
c) Hidrocarboneto – alcino – cetona – álcool.
d) Hidrocarboneto – alcino – álcool – cetona.
e) Hidrocarboneto – nitrila – amina – éter.

Atividades de aprendizagem

Questões para reflexão

1. Pesquise na literatura sobre o teor de biodiesel adicionado ao diesel comercializado no país. Explique a diferença, caso haja, entre os espectros de infravermelho obtidos a partir de uma amostra de diesel puro e de uma que apresenta adição de biodiesel.

2. O polietileno e o poliestireno são dois polímeros utilizados largamente na produção de embalagens plásticas e utensílios de uso doméstico. Pesquise a estrutura química dos monômeros correspondentes e argumente como esses compostos podem ser distinguidos por espectroscopia no infravermelho.

Atividade aplicada: prática

1. Escolha um ingrediente ou produto alimentício presente em sua rotina. Analise a composição de cada ingrediente descrito e pesquise as estruturas químicas correspondentes. A seguir, explique de que forma o infravermelho poderia ser utilizado para verificar a presença desses compostos em uma amostra alimentícia.

Capítulo 4

Espectrometria de massas

A espectrometria de massas (EM) é uma poderosa ferramenta analítica empregada em todas as áreas de fronteira na ciência. O sucesso de sua aplicação se deve, em grande parte, à capacidade de detectar analitos em concentrações extremamente baixas, o que lhe confere o poder da sensibilidade. Além dessa capacidade de detecção, a seletividade e a rapidez contribuem para fazer dessa técnica uma das mais utilizadas para a identificação de compostos em matrizes que vão desde as áreas biológicas e bioquímicas, como em estudos de metabolismo ou de diagnóstico de doenças, aos estudos que envolvem a química ambiental, em amostras de água, solo, ar e esgoto. Todas essas características são resultantes da evolução da tecnologia em EM ao longo dos anos.

Neste capítulo, apresentaremos um breve histórico dessa evolução e mostraremos como a fragmentação das moléculas e a formação dos íons são realizadas e como a separação desses íons, em função das diferentes razões entre a massa e a carga (m/z), fornece informações que permitem identificar os compostos analisados.

O objetivo principal do capítulo é descrever as características gerais dos espectrômetros e os principais modos de ionização, bem como esclarecer como as informações obtidas podem ser exploradas para a identificação de compostos orgânicos.

4.1 Um breve histórico

A história da espectrometria de massas (EM) tem início com o trabalho do professor Joseph John Thomson, da Universidade de Cambridge. Em seus estudos com descargas elétricas em

sistemas gasosos, Thomson descobriu o elétron em 1897.
Na primeira década do século XX, ele construiu o primeiro espectrômetro de massas para determinar a razão entre a massa e a carga dos íons, representada como m/z. Nesse instrumento, os íons gerados por descargas elétricas nos tubos eram submetidos a campos elétricos e magnéticos, fazendo com que os fragmentos carregados percorressem trajetórias parabólicas.

Ao utilizar o gás neônio para preenchimento em seu experimento, Thomson observou a formação de duas parábolas de m/z 20 e m/z 22, atribuindo, naquele momento, a parábola de m/z 20 ao gás neônio e a de m/z 22 ao NeH_2 ou CO_2 duplamente carregado, sem fazer relação com a ionização de seu isótopo de massa 22, ainda desconhecido na época.

Nos anos 1920, Arthur Jeffrey Dempster, da Universidade de Chicago, desenvolveu um novo protótipo de espectrômetro de massas, utilizando a deflexão magnética como direcionadora dos íons. Mais tarde, esse seria o modelo adotado comercialmente, estando em uso até hoje. O trabalho de Dempster também propiciou o desenvolvimento da primeira fonte de ionização por impacto de elétrons (IE), que ioniza as moléculas volatilizadas por meio de um feixe de elétrons e é utilizada na grande maioria dos espectrômetros de massa atualmente.

Durante a Segunda Guerra Mundial, os espectrômetros de setor magnético foram melhorados por Alfred O. C. Nier, que introduziu a dupla focalização para minimizar efeitos de dispersão dos íons e, com isso, aumentar a resolução dos equipamentos. Essa melhoria foi empregada para separar ^{235}U

de seu isótopo ^{238}U e resultou na tecnologia que permitiu aos Estados Unidos desenvolver sua primeira bomba atômica.

William Stephens, da Universidade da Pensilvânia, em meados de 1946, introduziu o conceito de separação dos íons por tempo de voo (*time-of-flight*, TOF). Os íons são separados em virtude da velocidade com que chegam ao detector, que será diferente em função de sua massa. Esse analisador é rápido e tem alto poder de resolução e exatidão, sendo o analisador de escolha para equipamentos que diferenciam íons em alta resolução.

Nos anos 1950, Wolfgang Paul, da Universidade de Bonn, desenvolveu o analisador de massas quadrupolar, ideal para o acoplamento com a cromatografia a líquido e a gás, em que se separam os íons a partir da alternância entre os campos elétricos quadrupolares. Hoje, é comum encontrar analisadores quadrupolares associados na forma de duplos e triplos quadrupolos, o que permite refragmentar os íons, na conhecida *fragmentação tandem*.

O desenvolvimento de analisadores por ressonância ciclotrônica de íons (RCI) surgiu por volta de 1974, na busca por alta resolução e exatidão em EM. Esses analisadores operam por meio de um campo elétrico oscilante em um campo magnético uniforme, fazendo com que os íons sigam um caminho em espiral no analisador. O trabalho realizado por Melvin B. Comissarow e Alan G. Marshall, da Universidade de Columbia, revolucionou a RCI, possibilitando a discriminação de vários íons simultaneamente com exatidão na ordem de ppb.

Em 2005, Alexander A. Makarov desenvolveu o que há de mais moderno até o momento em termos de analisador de massas. Esse analisador, chamado de Orbitrap, consiste em dois eletrodos dispostos coaxialmente, em uma superfície externa cilíndrica e em um eletrodo interno orientado na forma de eixo, como ilustra a Figura 4.1.

O potencial elétrico constante aplicado nos eletrodos gera um campo eletrostático com distribuição quadro-logarítmica. Os íons oscilam na presença desse campo, e a imagem da corrente induzida nos eletrodos é convertida por transformada de Fourier no espectro de massas. O Orbitrap tem como características exatidão extremamente alta (< 1 ppm) e resolução de massas de até 240.000 Da.

Figura 4.1 – Representação esquemática de um analisador do tipo Orbitrap

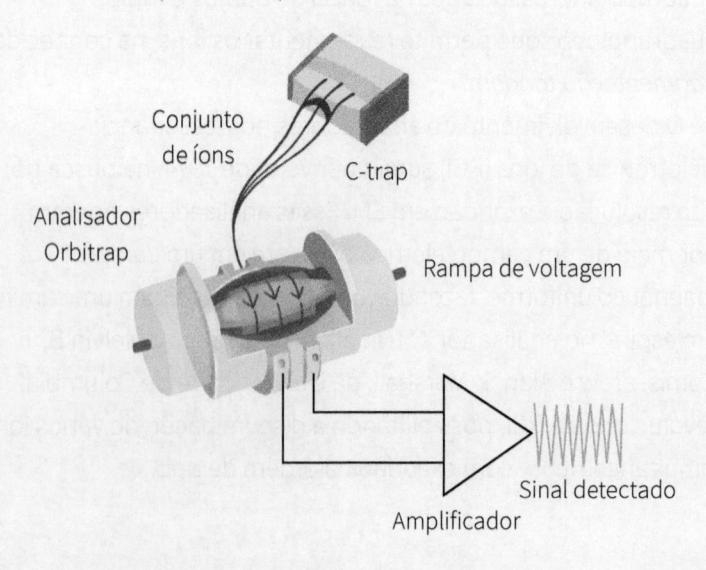

Fonte: Zubarev; Makarov, 2013, p. 5290, tradução nossa.

Assim como os analisadores, importantes avanços tecnológicos na forma de gerar os íons foram introduzidos ao longo dos anos. Até meados dos anos 1980, a EM era, basicamente, restrita a moléculas voláteis, já que a fonte de ionização era por impacto de elétrons. Dessa forma, compostos com elevada massa molecular, como biomoléculas ou polímeros, não eram passíveis de serem analisados por EM. No final da década de 1980, John B. Fenn – pesquisador laureado com o Prêmio Nobel em 2002, pelo seu trabalho no campo da EM – desenvolveu a fonte de ionização por *electrospray* (IES) na Universidade de Yale, abrindo caminhos para o acoplamento da EM à cromatografia a líquido e à análise de compostos de elevada polaridade e massa molecular, como proteínas e polímeros.

Na mesma época, Franz Hillenkamp e Michael Karas, da Universidade de Frankfurt, desenvolveram a técnica de MALDI, do inglês *matrix-assisted laser desorption/ionization*, permitindo também a análise de macromoléculas. Desde então, praticamente todos os tipos de analito podem ser analisados por EM.

Em 2004, Robert Graham Cooks, da Universidade de Purdue, foi o protagonista na segunda grande revolução da EM: a introdução de técnicas de ionização ambiente. A DESI, do inglês *desorption electrospray ionization*, desenvolvida por Cooks, consiste em impactar um feixe de gotículas carregadas formadas por *electrospray* diretamente na superfície da amostra. Por meio de um processo de dessorção, os íons do analito são levados ao analisador de forma branda e suave, garantindo-se, assim, a ionização "*soft*" e, com isso, a observação dos respectivos íons moleculares.

Além desses cientistas, muitos outros nomes deram importantes contribuições para que a EM alcançasse um escopo universal e multidisciplinar, movimentando um mercado bilionário.

Uma representação geral dos componentes de um espectrômetro de massas é mostrada na Figura 4.2. Os diferentes tipos de fonte de ionização e analisadores de massas determinam a aplicação do espectrômetro.

Figura 4.2 – Representação geral dos componentes de um espectrômetro de massas

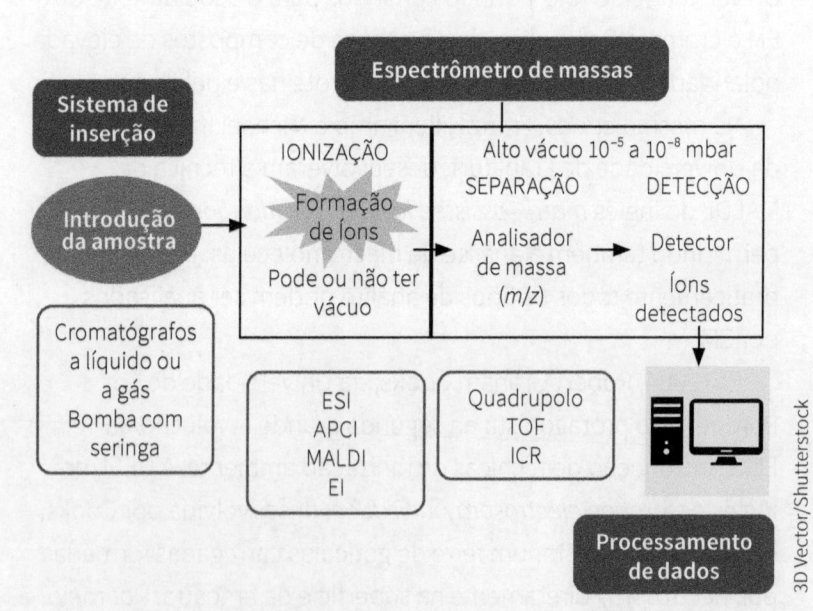

Espectrômetro de massas

Sistema de inserção
- Introdução da amostra
- Cromatógrafos a líquido ou a gás
- Bomba com seringa

IONIZAÇÃO
Formação de íons
Pode ou não ter vácuo

ESI
APCI
MALDI
EI

Alto vácuo 10^{-5} a 10^{-8} mbar
SEPARAÇÃO
Analisador de massa (m/z)

Quadrupolo
TOF
ICR

DETECÇÃO
Detector
Íons detectados

Processamento de dados

3D Vector/Shutterstock

Como podemos observar, enquanto a câmara de análise dos íons, o analisador, é mantida sob alto vácuo, a mesma condição não pode ser alcançada na fonte de ionização, já que alguns podem ocorrer na pressão atmosférica. Algumas das principais formas de ionização e separação dos íons serão abordadas ao longo deste livro.

4.2 Como a ionização dos analitos acontece: métodos de ionização

Basicamente, estamos falando de uma ferramenta de análise que transforma a molécula no respectivo íon, por meio de um processo de ionização. Esses íons, separados por um analisador em função da razão *m/z*, são identificados no detector e registrados para fornecer, como resultado, o espectro dos fragmentos gerados. Esse espectro é, na verdade, um gráfico de barras (linhas) que relaciona a abundância relativa, ou seja, o número de vezes que determinado fragmento alcançou o detector, com a massa desse fragmento. Cada linha do gráfico, portanto, representa um fragmento carregado com uma respectiva massa (Gráfico 4.1). Os químicos utilizam essas informações tanto para verificar a massa molecular do composto analisado, por meio do íon molecular, quanto para estudar os fenômenos de fragmentação e, com base nisso, fornecer as respostas de análise em estudo.

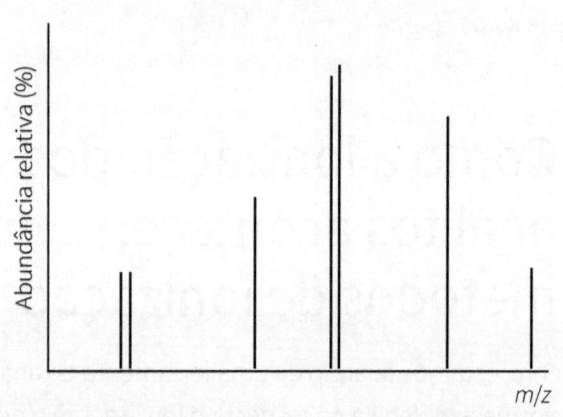

Gráfico 4.1 – Exemplo genérico do gráfico gerado por um espectrômetro de massas – o espectro de massas

[Gráfico: eixo y "Abundância relativa (%)", eixo x "m/z"]

Fonte: Elaborado com base em Clayden; Greeves; Warren, 2012.

Para que os compostos sejam analisados por EM, é necessário que as moléculas estejam carregadas positiva ou negativamente, na forma de íons – cátions ou ânions. É na fonte de ionização que a conversão de moléculas neutras em espécies carregadas ocorre.

A **ionização por impacto de elétrons** (IE) foi a primeira técnica desenvolvida, no início do século XX. Como mencionamos anteriormente, foi criada por A. J. Dempster, considerado um dos pais da EM. O processo de ionização (Figura 4.3) consiste em bombardear o analito com um feixe de elétrons, daí a denominação de *impacto de elétrons*. Esses elétrons são emitidos por um filamento metálico, por meio de uma corrente de 3-4 amperes, que aquece o filamento a cerca de 2 000 °C; os elétrons são, então, expelidos da superfície metálica e acelerados para o interior da fonte. Classicamente, a diferença de potencial entre o filamento e a fonte é de 70 eV, energia com a qual as moléculas são bombardeadas.

Figura 4.3 – Representação geral da fragmentação por impacto de elétrons (IE).

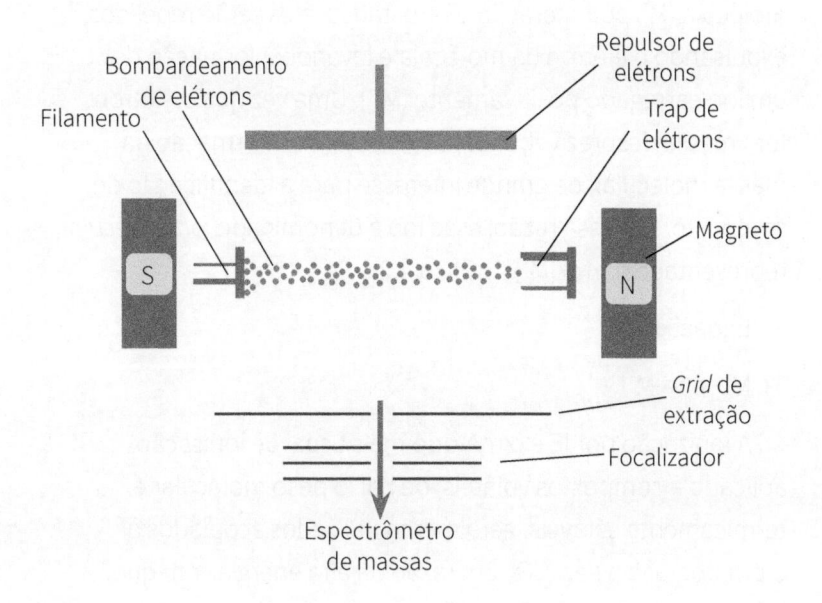

Fonte: Gates, 2014c, tradução nossa.

Os elétrons incidentes devem ter energia suficiente para abstrair um elétron fracamente ligado à molécula. Essa energia de 70 eV foi estudada ao longo do desenvolvimento da ionização por IE, sendo escolhida porque os espectros de massas obtidos com esse valor apresentam-se relativamente constantes, mostrando-se, assim, suficiente para ionizar as moléculas analisadas.

A Equação 4.1 é a equação básica que representa a ionização por IE. Se um dos elétrons gerados na fonte de ionização (e^-) se aproximar dos elétrons que compõem a nuvem eletrônica da molécula (M), por interação eletrostática, eles serão repelidos, expulsando o elétron da molécula e levando à formação de um íon carregado positivamente ($M^{\bullet+}$). Uma vez que o elétron tem massa desprezível, a ionização retém a informação da massa molecular, de grande interesse para a identificação do composto. Por essa razão, esse íon é denominado *íon molecular*, representado como $[M^+]$ (Gráfico 4.2).

Equação 4.1

$$M + e^- \rightarrow M^+$$

A ionização por IE é o método mais usual de ionização, aplicado a compostos voláteis, de baixo peso molecular e termicamente estáveis, geralmente utilizados acoplados à cromatografia a gás (CG). Em razão da alta energia com que o feixe de elétrons incide sobre as moléculas, é considerada uma técnica *"hard"* de ionização. Geralmente, são observados espectros com grande número de fragmentos de baixa intensidade e, dependendo da labilidade dos compostos, o íon molecular pode não ser observado (Figura 4.4).

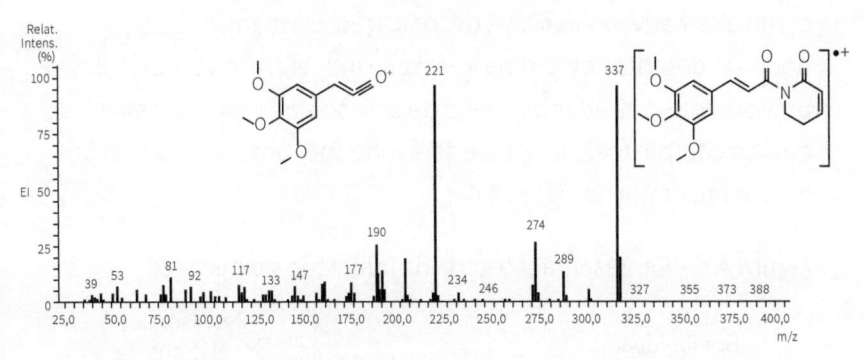

Gráfico 4.2 – Exemplo de espectro de massas gerado por ionização por impacto de elétrons (IE)

Fonte: Fokoue et al., 2018, p. 21407.

Além do íon molecular, muitos outros fragmentos são observados no espectro, como resultado da quebra de ligações em posições distintas na molécula. Essas preferências de quebras são associadas, geralmente, à labilidade das ligações, tornando determinadas posições mais suscetíveis à fragmentação.

Preste atenção!

Você poderá perceber também que há diferenças significativas com relação à intensidade dos picos. As intensidades estão relativizadas ao percentual com que esses fragmentos alcançam o detector. Por esse motivo, a intensidade dos fragmentos é diretamente relacionada a suas estabilidades. Fatores estruturais, como conjugação ou estabilização por ressonância contribuem para aumentar o tempo de vida dos fragmentos, aumentando a intensidade do sinal registrado. O pico mais intenso do espectro é identificado como *pico-base*, assumindo 100% de intensidade relativa.

A **ionização química**, ou *chemical ionization* (CI), é uma técnica complementar à ionização por impacto de elétrons, desenvolvida como alternativa mais suave de ionização. De maneira geral, pode ser descrita como uma ionização indireta, já que moléculas previamente ionizadas por meio de colisão serão os íons pelos quais o composto de interesse será ionizado. Uma representação da CI é mostrada na Figura 4.4.

Figura 4.4 – Representação geral da ionização química (CI)

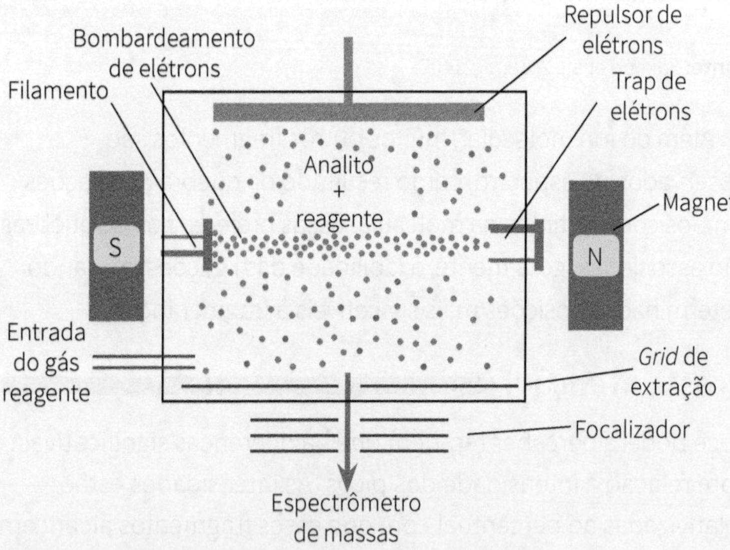

Fonte: Gates, 2014b, tradução nossa.

Um reagente gasoso, geralmente metano, amônia, argônio ou isobutano, é ionizado pelo bombardeio de elétrons, via ionização por IE. Esses gases estão em concentração muito superior ao analito e são ionizados de forma preferencial. Esses íons sofrem uma sequência de reações secundárias, levando à formação de espécies do tipo RH^+ (Equação 4.2).

A colisão da molécula M com o íon reagente RH^+ em fase gasosa resulta na transferência do próton e na formação de uma espécie protonada, carregada positivamente. Nesse caso, o íon molecular terá massa idêntica à do composto molecular protonado, sendo representado como M+1.

Equação 4.2

$M + RH^+ \rightarrow MH^+ + R$

Como resultado, a ionização do analito é feita de forma mais branda, gerando espectros mais limpos que os produzidos por impacto de elétrons. A seguir, um exemplo comparativo de fragmentação por IE e por CI para o aminoácido metionina é mostrado no Gráfico 4.3.

Gráfico 4.3 – Comparação entre (A) ionização por impacto de elétrons (IE) e (B) ionização química (CI) (CH_4)

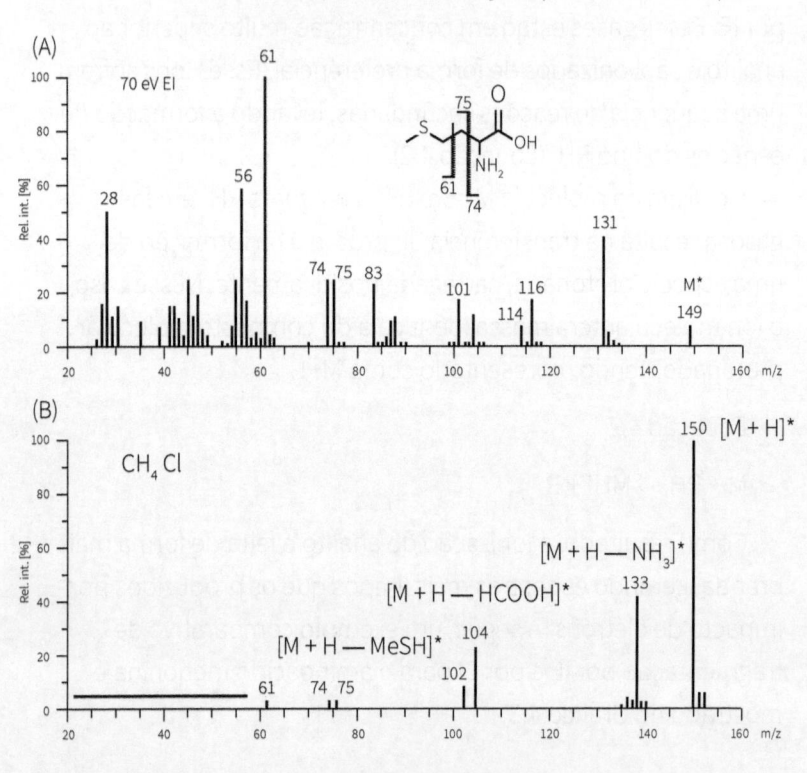

[Gráfico (A): espectro de ionização por impacto de elétrons a 70 eV, com picos em m/z 28, 56, 61, 74, 75, 83, 101, 114, 116, 131 e M⁺• 149]

[Gráfico (B): espectro de ionização química com CH_4, com picos em m/z 61, 74, 75, 102, 104 [M+H—MeSH]⁺, [M+H—HCOOH]⁺, 133 [M+H—NH_3]⁺ e 150 [M+H]⁺]

Fonte: Elaborado com base em Gross, 2004, p. 449.

A **ionização por *electrospray***, ou *electrospray ionization* (ESI), é uma técnica de ionização suave desenvolvida na década de 1990 por John Fenn. Com o advento da ESI, uma grande variedade de compostos passou a ser analisada por EM, abrindo caminho para o exame de compostos lábeis e termicamente instáveis, polares e com elevados pontos de ebulição, como sais orgânicos e inorgânicos e até mesmo vírus e bactérias. Nessa técnica, as espécies são ionizadas em solução e transferidas para a fase gasosa como entidades isoladas, geralmente na forma de cátions ou protonadas quando a ionização é conduzida no modo positivo. Também podem ser observadas espécies aniônicas ou desprotonadas, carregadas negativamente. Nesse caso, a ionização se dá no modo negativo. A Figura 4.5 ilustra um esquema geral desse tipo de ionização.

Figura 4.5 – Representação geral da ionização por *electrospray* (ESI)

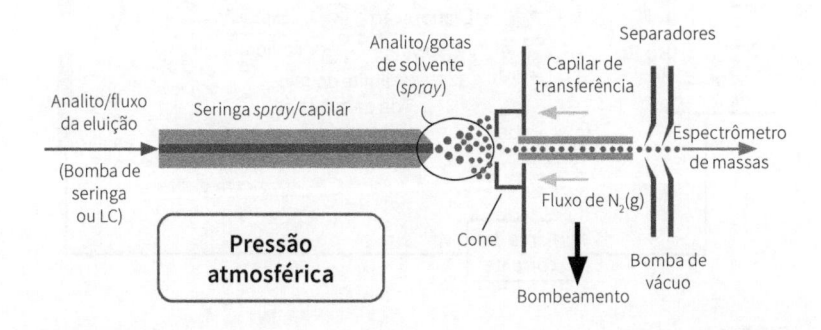

Fonte: Gates, 2014d, tradução nossa.

Um campo elétrico forte é aplicado, sob pressão atmosférica, ao líquido que passa pelo capilar contendo a solução do analito em um fluxo baixo. Esse campo induz o acúmulo de cargas na superfície do líquido ao final do capilar, no qual gotas altamente carregadas são formadas. A dispersão das gotas intermediadas pelo gás de dessolvatação injetado coaxialmente leva à formação de um *spray*.

A Figura 4.6 mostra, em mais detalhes, a formação do *spray* e das gotículas carregadas. À medida que o solvente evapora e o volume das gotas é reduzido, a repulsão eletrostática promove a denominada *explosão coulômbica*, liberando os íons carregados para a entrada no analisador.

Figura 4.6 – Representação da ionização por *electrospray* (ESI) e formação dos íons

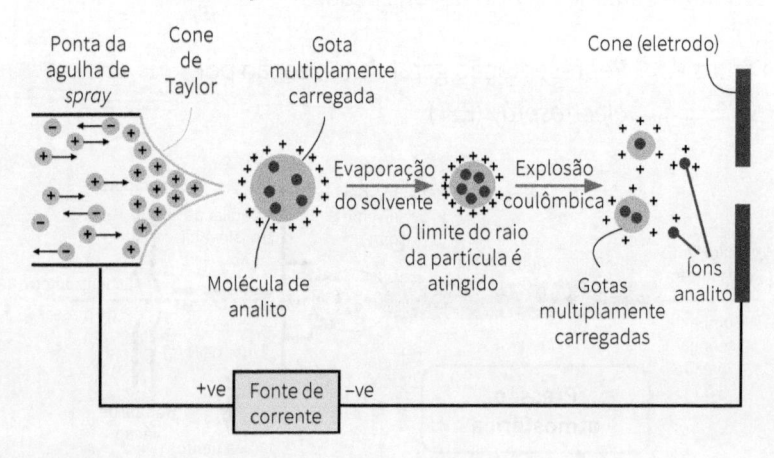

Fonte: Gates, 2014d, tradução nossa.

Considerada uma técnica de ionização suave, a ESI leva à obtenção de espectros de massas com poucos fragmentos, que apresentam, na maioria dos casos, íons moleculares na forma de íons M+1, como pico-base no espectro. Um exemplo é mostrado na Gráfico 4.4, comparando-se a fragmentação obtida nas técnicas de ionização por IE e ESI para o mesmo composto.

Gráfico 4.4 – Comparativo entre ionização por impacto de elétrons (IE) e ionização por *electrospray* (ESI)

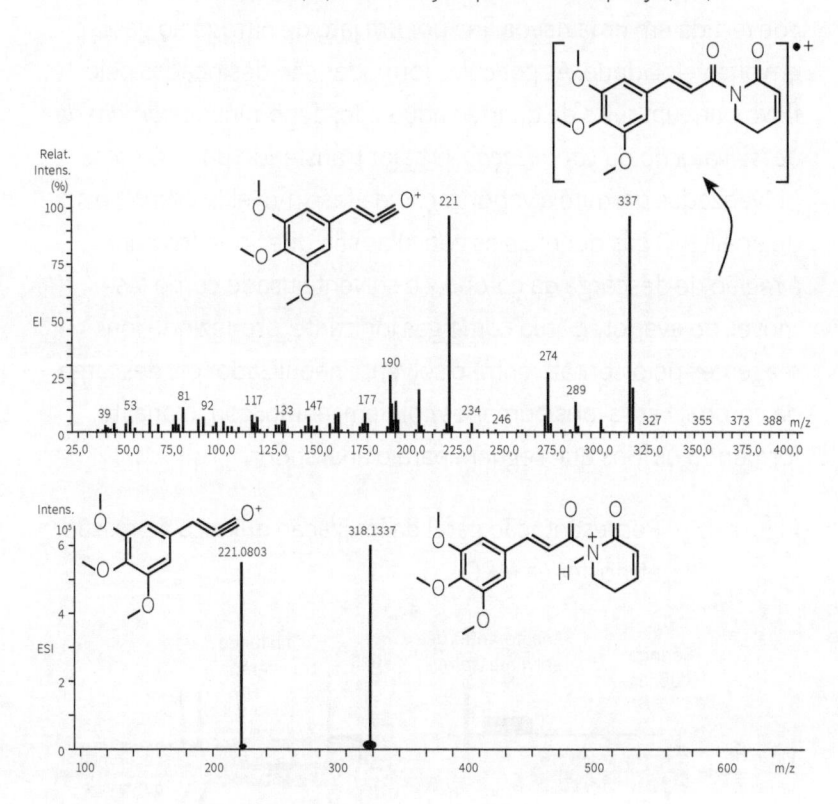

Fonte: Fokoue et al., 2018.

A **ionização química à pressão atmosférica** (APCI) é uma metodologia análoga à CI. A diferença, nesse caso, é que a APCI ocorre à pressão atmosférica, por meio de reações íon-molécula em fase gasosa para que os íons sejam gerados na fonte de ionização.

Um esquema geral é mostrado na Figura 4.7. A solução do analito é inserida em um nebulizador pneumático, no qual é convertida em uma névoa fina por um jato de nitrogênio gasoso em alta velocidade. As gotículas formadas são deslocadas pelo fluxo para um tubo de quartzo aquecido, denominado *câmara de dessolvatação* ou *vaporização*. O calor transferido para as gotas pulverizadas permite a vaporização da fase móvel (solvente) e do analito. O gás quente e as gotículas são direcionados para a região de descarga da corona – o solvente usado como fase móvel, ao evaporar, atua como gás ionizante, produzindo íons reagentes pelo contato entre o solvente nebulizador e a descarga da corona. Esses íons primários colidem, então, com o analito, formando os íons que seguem para o analisador.

Figura 4.7 – Representação geral da ionização química à pressão atmosférica (APCI)

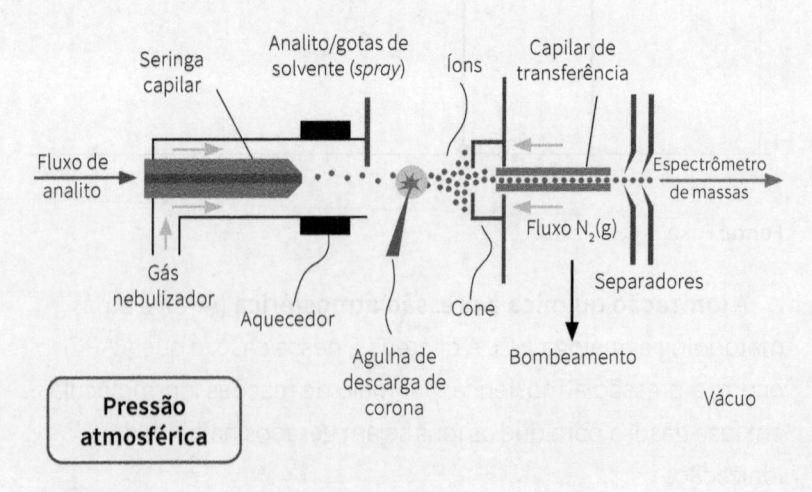

Fonte: Gates, 2014a, tradução nossa.

A evolução nas formas de gerar os íons em EM trouxe muitos avanços na área, como a ionização/dessorção por matriz assistida por *laser* (MALDI) e as técnicas de ionização ambiente, como a dessorção por *electrospray* (DESI), a DART (*Direct Analysis in Real Time*), e a EASI (*Easy Ambient Spray Ionization*). Cada uma contribui de maneiras diferentes para a simplificação e a universalização da técnica, fazendo com que ela se torne uma ferramenta capaz de atender a qualquer tipo de desafio analítico.

Um exemplo da capacidade de atuação da EM é apresentado em um recente artigo científico, publicado na revista *Nature*, em que a técnica de MALDI-MS é empregada para a detecção do vírus SARS-CoV-2 (Nachtigall, 2020).

Uma representação ilustrativa da técnica de ionização/dessorção por MALDI é mostrada na Figura 4.8.

Figura 4.8 – Representação geral da ionização/dessorção por matriz assistida a *laser* (MALDI)

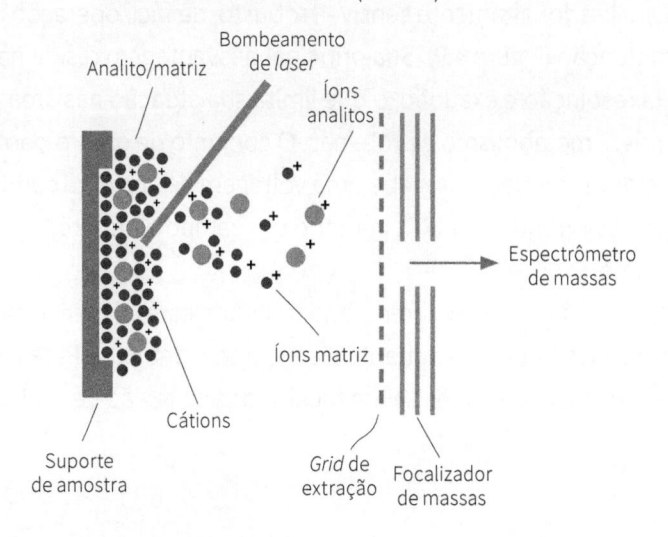

Fonte: Gates, 2014e, tradução nossa.

4.3 Análise dos fragmentos gerados: analisadores de massas

Uma vez ionizadas, as partículas carregadas passam para a câmara de separação, ou analisador. Nessa etapa, os íons são separados em função da diferença de m/z, e estratégias distintas para essa finalidade estão disponíveis nos instrumentos usados comercialmente na atualidade. Os principais analisadores de massas podem ser de diferentes tipos: setor magnético, quadrupolo, aprisionamento de íons, tempo de voo, Orbitrap e ressonância ciclotrônica de íons (RCI).

A diferença entre eles está no princípio físico de separação, o qual permite discriminar os íons em função da razão m/z. Um dos detectores mais comuns é o analisador do tipo quadrupolo, um analisador altamente sensível, robusto, de fácil operação e manutenção (Figura 4.9). Sua principal desvantagem reside na baixa resolução e exatidão, o que limita sua atuação nas áreas de petróleo, metabolismo e proteínas. O conjunto de quatro barras altamente compactas recebe uma voltagem de corrente contínua (CC) e radiofrequência (RF), gerando um campo eletrostático oscilante.

Os íons que apresentarem uma trajetória estável no campo elétrico quadrupolar resultante alcançarão o detector. Para isso, é necessário que os íons sejam focalizados na região central da entrada do analisador. As trajetórias de cada fragmento serão dependentes do campo elétrico resultante, em que somente íons de massa específica terão trajetória estável para alcançar o detector. A radiofrequência do campo magnético oscilante é variada para que íons de diferentes m/z possam ser detectados.

Figura 4.9 – Esquema de um detector do tipo quadrupolar

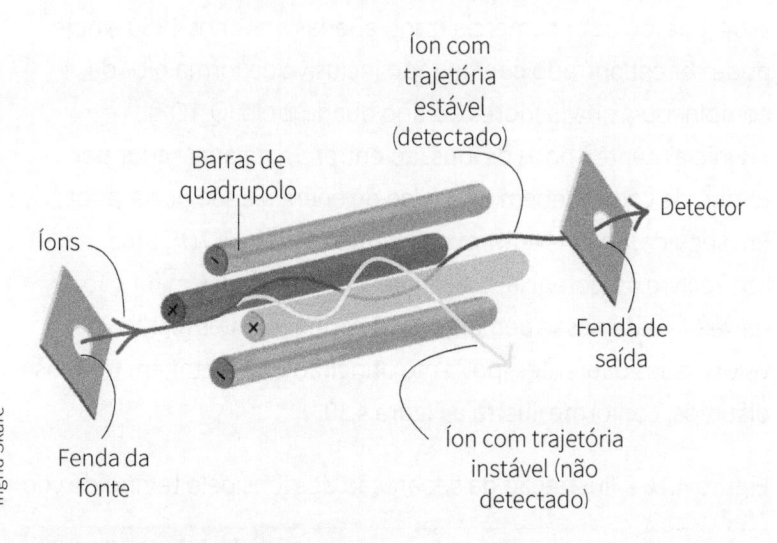

Fonte: Gates, 2014f, tradução nossa.

A resolução, ou seja, a capacidade de diferenciar os íons com relação a sua massa exata é determinante em EM. Equipamentos com resolução unitária fornecerão, por exemplo, um íon de m/z 249. Essa massa pode corresponder a mais de um composto, já que a resolução espectral não fornece informações da diferenciação de massas exatas. Por sua vez, equipamentos de alta resolução poderão fornecer íons de m/z 249,0700, m/z 249,0580 e m/z 249,1479, permitindo, assim, a identificação inequívoca da substância.

Um dos analisadores capazes de fornecer diferenciação de alta resolução entre os fragmentos de massas é o analisador por tempo de voo, do inglês *time-of-fly* (TOF). Desenvolvido em 1964, passou a ser comercializado apenas nos anos 1950 e hoje pode ser encontrado configurado inclusive de forma híbrida, combinado a analisadores do tipo quadrupolo (Q-TOF).

Inicialmente, todos os íons, ao entrarem no analisador por tempo de voo, recebem um pulso de energia e são acelerados. Em seguida, os íons entram no chamado *tubo de TOF*, uma região livre de potencial que diferencia esses íons em função da velocidade nesse percurso. Íons com diferentes m/z terão velocidades diferentes, portanto atingirão o detector em tempos distintos, conforme ilustra a Figura 4.10.

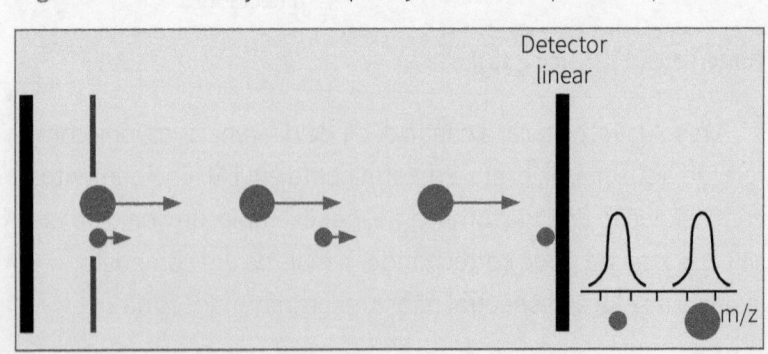

Figura 4.10 – Ilustração da separação dos íons pelo tempo de voo

Fonte: Gates, 2014g, tradução nossa.

4.4 Informações geradas pela espectrometria de massas

Abordamos brevemente alguns dos principais métodos de ionização das moléculas e alguns exemplos dos analisadores, que separam esses íons, diferenciando essas espécies carregadas por sua *m/z*. Agora, veremos como essa informação pode ser explorada com o objetivo de identificar as substâncias presentes em dada amostra.

Por meio do íon molecular, por exemplo, é possível obter informações sobre o peso e a fórmula molecular, além de confirmar estruturas sugeridas por técnicas complementares, como ressonância magnética nuclear (RMN) e IV. Além de fornecer informações sobre a massa, a análise do íon molecular pode indicar, com base na razão isotópica, a presença de átomos diferentes de H, C e O, como N, Cl, Br ou Si, entre outros.

Em um exemplo típico de espectro de massas, mostrado na Gráfico 4.5, a seguir, podemos obter informações distintas. Inicialmente, vamos relembrar que o espectro nada mais é do que um gráfico que representa a abundância relativa de determinado fragmento em relação aos demais. O íon de *m/z* mais abundante é identificado como *pico-base* e representa o íon foi registrado pelo detector mais vezes.

Manter essa informação em mente é bastante útil para que você associe essa característica aos fatores estruturais que tornam esse fragmento específico mais estável, ao interpretar os dados de EM. Quando a molécula perde somente um elétron no processo de ionização, o íon formado é denominado *íon molecular* e indica o peso molecular da substância. Em análises que forneçam resolução suficiente (R > 5 000), números de massas com valores precisos podem ser obtidos (quatro ou mais casas decimais).

Gráfico 4.5 – Espectro de massas e as informações básicas obtidas

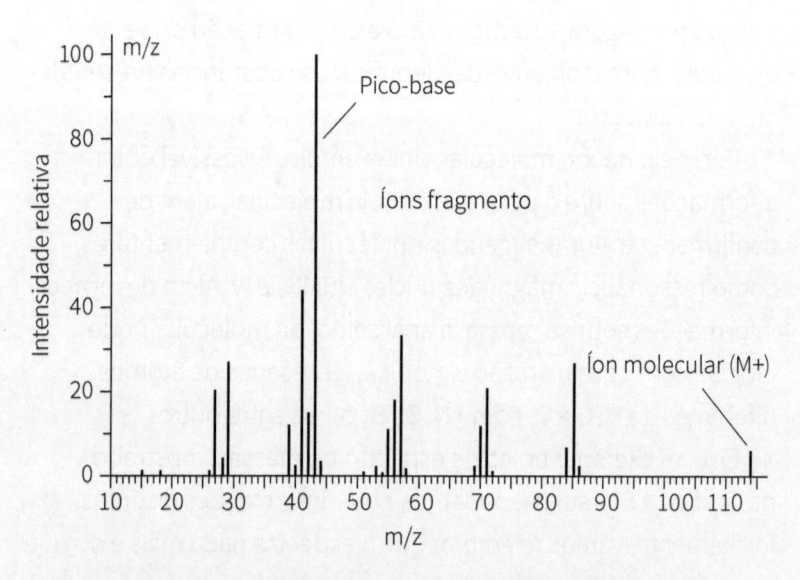

[Gráfico: eixo y "Intensidade relativa" (0 a 100) com rótulo "m/z"; eixo x "m/z" (10 a 110). Picos indicados: "Pico-base" (no maior pico, próximo de m/z 43), "Íons fragmento" e "Íon molecular (M+)" (próximo de m/z 110).]

Em muitos casos, quando a molécula perde um elétron de valência, ligações são quebradas ou o íon formado rapidamente se fragmenta em íons de menor energia. As *m/z* desses íons carregados são igualmente registradas pelo espectrômetro, gerando fragmentos de íons. Cabe relembrar que fragmentos neutros não são registrados.

O processo de ionização, conforme já discutimos, envolve a abstração de um elétron da nuvem eletrônica que constitui a molécula como um todo. Os elétrons mais suscetíveis a esse fenômeno são aqueles de mais elevada energia. Em compostos que apresentam elétrons não ligantes, estes são, geralmente, representados como sendo ionizados (Figura 4.11). Moléculas que apresentam elétrons π têm nesse sítio* a preferência de ionização.

Figura 4.11 – Eventos iniciais de ionização e formação de íon molecular

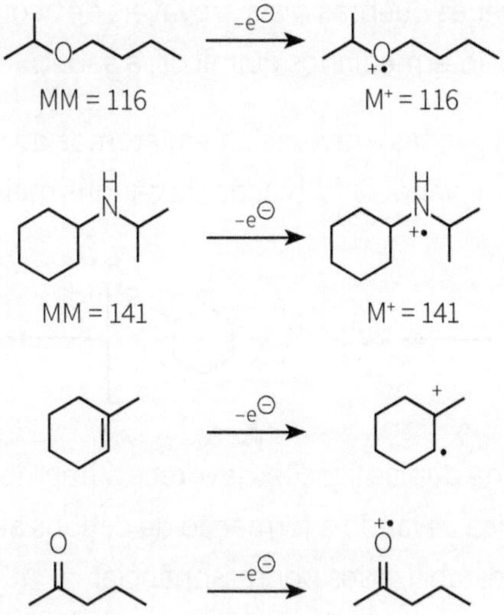

O estudo da fragmentação dos compostos, ao longo dos anos, permitiu observar alguns padrões de repetição ou preferências para as quebras moleculares. Essas observações estão reunidas sob a forma das conhecidas *regras de Stevenson para fragmentação dos compostos orgânicos*.

---
* *Sítio reacional*, termo comum em química, é o local preferencial onde a ionização vai ocorrer.

Basicamente, a fragmentação mais provável de ser observada é a que resultará em um fragmento com a energia de Ionização mais baixa. Em outras palavras, isso implica assumir que fragmentações que levem à formação de íons mais estáveis são preferenciais, entre todas as possibilidades de quebra que a molécula pode apresentar.

Apesar de a fragmentação ocorrer em condições altamente energéticas (podendo resultar em diferentes tipos de fragmentos), é possível prever as quebras mais prováveis de acordo com a estabilidade de intermediários químicos, a saber:

1. A cisão das ligações é favorecida em átomos de carbonos ramificados, levando à formação de cátions mais estáveis.

$$\left[R - \overset{|}{\underset{|}{C}} - \right]^{\bullet +} \longrightarrow R\bullet \; + \; ^+\underset{|}{\overset{|}{C}} - \hspace{-2pt}\bigcirc\hspace{-10pt}^{R} \quad \left[\;\; \right]^{\bullet +} \longrightarrow R\bullet \; + \; \bigcirc^{+}$$

2. A presença de duplas ligações favorece a fragmentação na posição alílica, levando à formação de cátions alílicos que podem ser estabilizados por ressonância.

$$CH_2 :: CH - CH_2 - R \xrightarrow{-R} H_2\overset{+}{\underset{H}{C}} - C = CH_2 \longleftrightarrow H_2C = CH - \overset{+}{C}H_2$$

3. A fragmentação de compostos cíclicos saturados de seis membros leva, geralmente, à formação de fragmentos característicos de uma reação de Diels-Alder inversa (segmentação retro Diels-Alder).

4. Em compostos aromáticos substituídos com grupamentos alquílicos, a fragmentação é favorecida na ligação β ao anel, levando à formação do íon benzílico. Esse cátion, além de ser estabilizado por deslocalização de elétrons (ressonância), sofre um rearranjo clássico de compostos aromáticos, levando à formação do íon tropílio.

5. Compostos que apresentam heteroátomos, como éteres, têm a fragmentação favorecida nas ligações C–C próximas, deixando carregado o fragmento que contém o heteroátomo. Isso ocorre em função dos pares de elétrons livres desse átomo, que contribuem para a estabilização do íon por deslocalização.

Fonte: Elaborado com base em Gross, 2004.

6. Compostos carbonílicos, classicamente, têm a tendência de fragmentação da ligação α-carbonila (segmentação α).

7. Compostos carbonílicos que têm hidrogênio no carbono γ apresentam, geralmente, o rearranjo de McLafferty como principal caminho de fragmentação (rearranjo). Esse rearranjo é muito comum em compostos carbonilados que apresentam cadeia alquílica constituída a partir de quatro átomos de carbono.

Não se preocupe em memorizar essas regras. À medida que você se familiarizar com os dados de EM, perceberá que a análise visual do espectro já direciona o analista ao tipo de informações a que deve atentar. A seguir, apresentaremos alguns exemplos de espectros das principais classes de compostos.

Os hidrocarbonetos, por exemplo, têm como característica a presença de íon molecular M^+ pouco intenso. As fragmentações seguem um padrão de perda de unidades metilênicas, em séries homólogas que correspondem a M-14, M-28, M-42 etc. Esse padrão leva à observação de picos de maior intensidade em menores *m/z*, criando um padrão típico facilmente reconhecido (Gráfico 4.6).

Gráfico 4.6 – Exemplos de espectros de massas de hidrocarbonetos

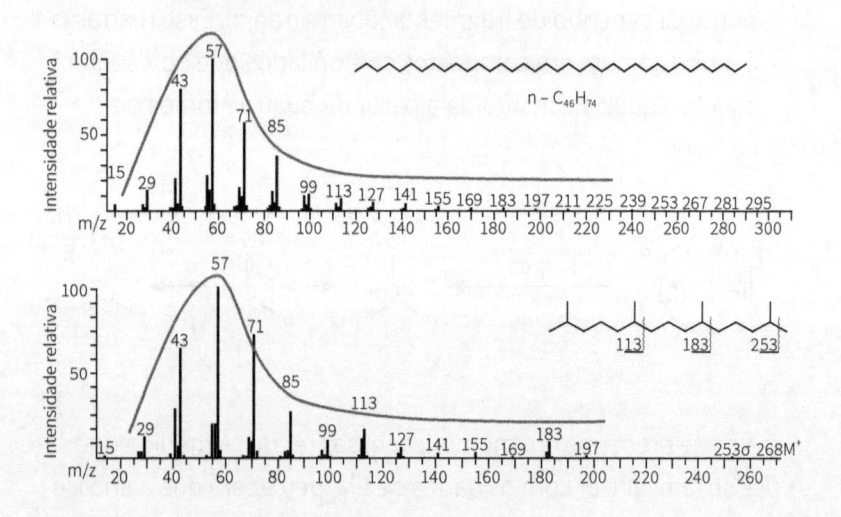

[Espectro superior: n–$C_{46}H_{74}$, com picos em m/z 15, 29, 43, 57, 71, 85, 99, 113, 127, 141, 155, 169, 183, 197, 211, 225, 239, 253, 267, 281, 295]

[Espectro inferior: hidrocarboneto ramificado, com picos em m/z 15, 29, 43, 57, 71, 85, 99, 113, 127, 141, 155, 169, 183, 197, 253σ, 268 M⁺; fragmentos destacados em 113, 183, 253]

Fonte: Elaborado com base em Gross, 2004, p. 364.

A presença de ramificações na cadeia carbônica leva à diminuição da intensidade de M^+, à medida que a formação de cátions mais estáveis passa a ser favorecida. Observe, por exemplo, o espectro de massas do 2-metilbutano, apresentado na Gráfico 4.7.

Gráfico 4.7 – Espectro de massas do 2-metilbutano

[Espectro de massas com picos em m/z 15, 27, 29, 43 (pico-base, 100%), 57, 72; rotulado CH₃CHCH₂CH₃ / CH₃]

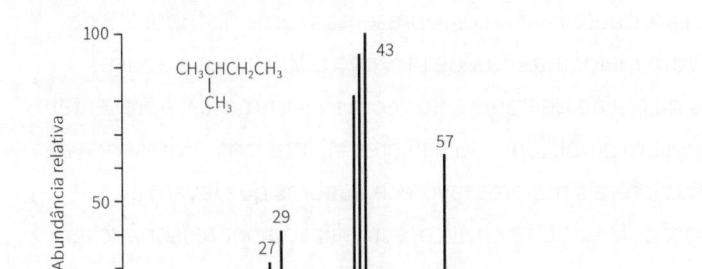

Fonte: Elaborado com base em Bruice, 2006, p. 484.

Além da observação do íon molecular, de *m/z* 72, estão presentes íons de *m/z* 57 e o pico-base *m/z* 43. A diferença entre o íon M⁺ 72 e o íon *m/z* 57 corresponde a 15 unidades de massa atômica. Essa perda corresponde à eliminação de um fragmento neutro –CH₃. Entre as três opções de metilas que o composto apresenta, podemos sugerir que a eliminação que resulta na formação de uma espécie catiônica secundária é favorecida. As propostas de fragmentação são mostradas a seguir:

$$\left[H_3CH_2C \overset{CH_3}{\underset{H}{\overset{|}{-}C-}} CH_3 \right]^{\bullet +}$$

M⁺ 72

$$\longrightarrow H_3CH_2C-\overset{CH_3}{\underset{+}{\overset{|}{C}H}} \; + \; \bullet CH_3$$

m/z 52

$$\longrightarrow HC\overset{CH_3}{\underset{+}{\overset{|}{-}}}CH_3 \; + \; CH_3CH_2\bullet$$

m/z 43

Os compostos aromáticos, diferentemente dos hidrocarbonetos alifáticos, apresentam uma distribuição de íons com maior intensidade próximo a 100 u.m.a e poucos sinais na região de fragmentos com menor massa. Apresentam, de maneira geral, íons moleculares M^+ intensos. A presença de cadeias laterais maiores favorece quebras que levam à formação do cátion benzílico, estabilizado por ressonância. Outro fragmento característico dessa classe é o íon de *m/z* 91, denominado *íon tropílio* (Gráfico 4.8).

Gráfico 4.8 – Espectro de massas do p-xileno

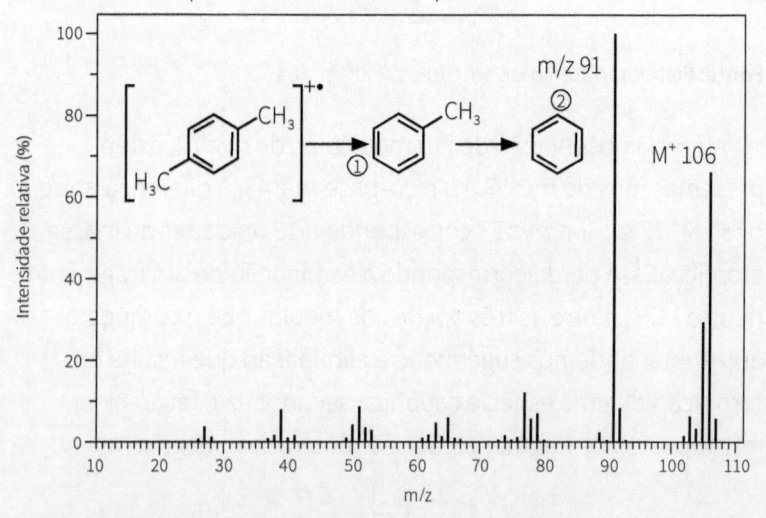

Em álcoois ou fenóis, a ligação O–H é rapidamente quebrada no processo de ionização e, com isso, o íon molecular geralmente não é observado. A fragmentação característica entre os álcoois é a eliminação de água, verificada pela formação de íons M-18. No Gráfico 4.9, vemos o espectro de massas do 2-hexanol, representativo dessa classe. Observe que o íon molecular m/z 102 não é visível no espectro, sendo o íon de m/z 84 resultante da eliminação de água.

Gráfico 4.9 – Espectro de massas do 2-hexanol, representativo para álcoois

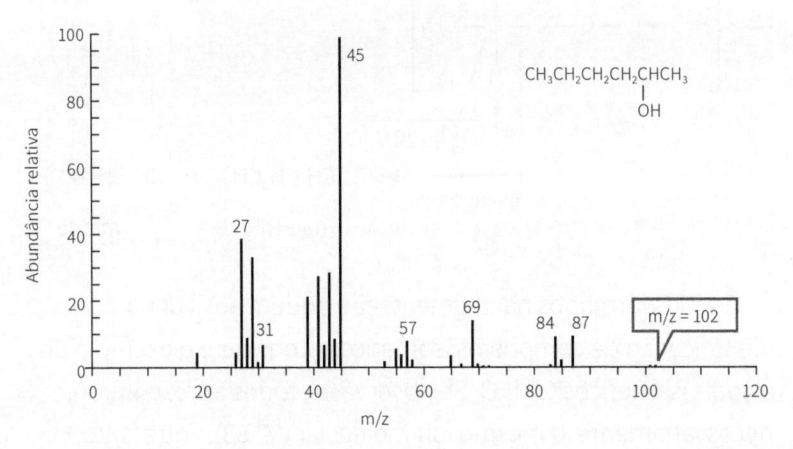

$$CH_3CH_2CH_2CH_2CHCH_3$$
$$|$$
$$OH$$

Fonte: Elaborado com base em Bruice, 2006, p. 491.

Além da perda de água, os álcoois tendem a gerar fragmentos a partir das quebras nas posições α e β da hidroxila. Isso porque a deslocalização de elétrons entre o cátion radical e o elétron não ligante do oxigênio auxilia na estabilização dos íons formados. Essa espécie é denominada *íon acílio* (Figura 4.12).

Figura 4.12 – Proposta de fragmentação para o 2-hexanol

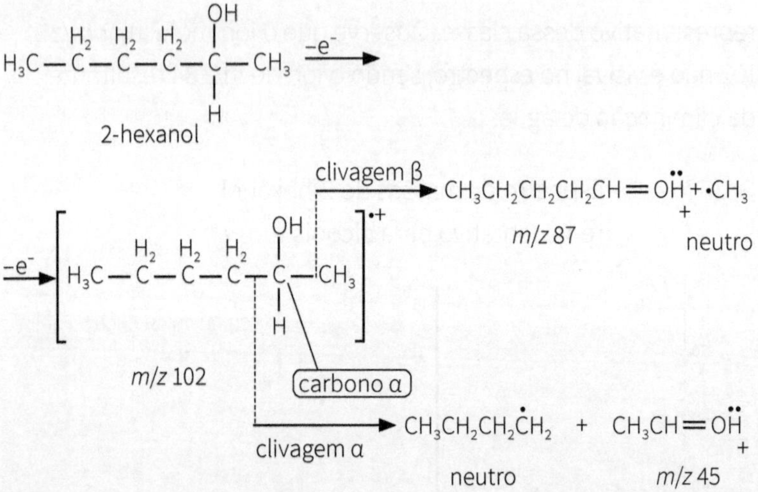

$$H_3C-\underset{H_2}{C}-\underset{H_2}{C}-\underset{H_2}{C}-\underset{\underset{H}{|}}{\overset{\overset{OH}{|}}{C}}-CH_3 \xrightarrow{-e^-}$$

2-hexanol

$$\xrightarrow{-e^-} \left[H_3C-\underset{H_2}{C}-\underset{H_2}{C}-\underset{H_2}{C}-\underset{\underset{H}{|}}{\overset{\overset{OH}{|}}{C}}-CH_3 \right]^{\cdot +}$$

m/z 102

clivagem β → $CH_3CH_2CH_2CH_2CH=\ddot{O}\overset{+}{H} + \cdot CH_3$
               m/z 87   neutro

carbono α

clivagem α → $CH_3CH_2CH_2\dot{C}H_2$ + $CH_3CH=\ddot{O}\overset{+}{H}$
       neutro   m/z 45

Os íons formados na fragmentação podem auxiliar na identificação de compostos isoméricos. Considere o exemplo dos álcoois isoméricos $C_5H_{12}O$. Se observável, todos apresentarão, necessariamente, o mesmo íon molecular (M^+ 88). Entretanto, a intensidade dos fragmentos aponta para a identificação de cada isômero por EM (Gráfico 4.10).

Gráfico 4.10 – Espectros de massas dos álcoois isoméricos $C_5H_{12}O$

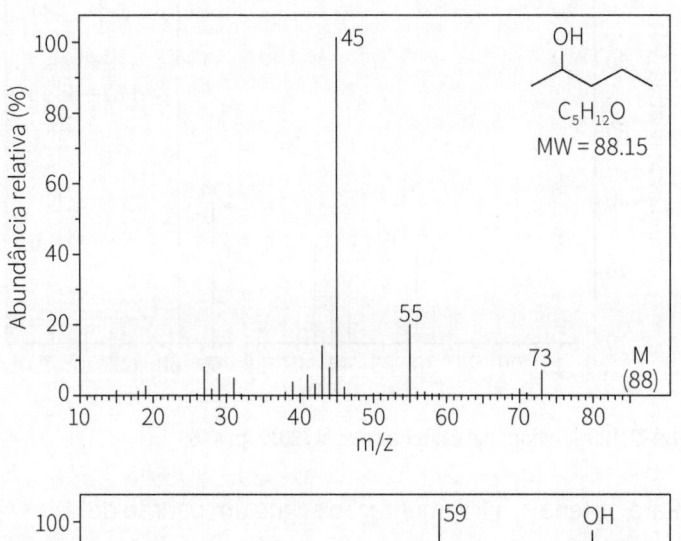

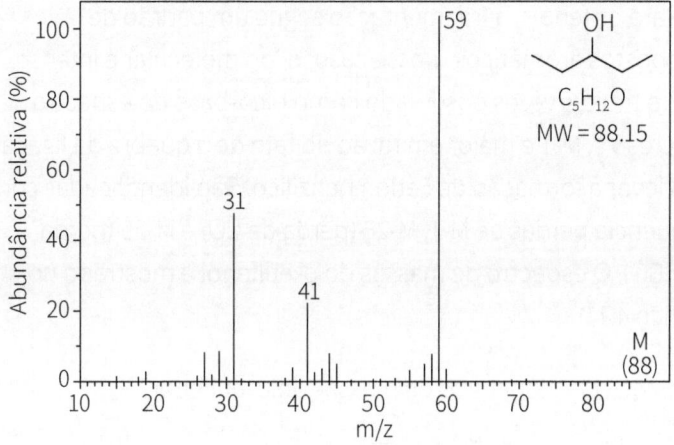

[Espectro 1: pentan-2-ol, $C_5H_{12}O$, MW = 88.15; picos principais em m/z = 45 (100%), 55, 73, M (88)]

[Espectro 2: pentan-3-ol, $C_5H_{12}O$, MW = 88.15; picos principais em m/z = 31, 41, 59 (100%), M (88)]

(continua)

(Gráfico 4.10 – conclusão)

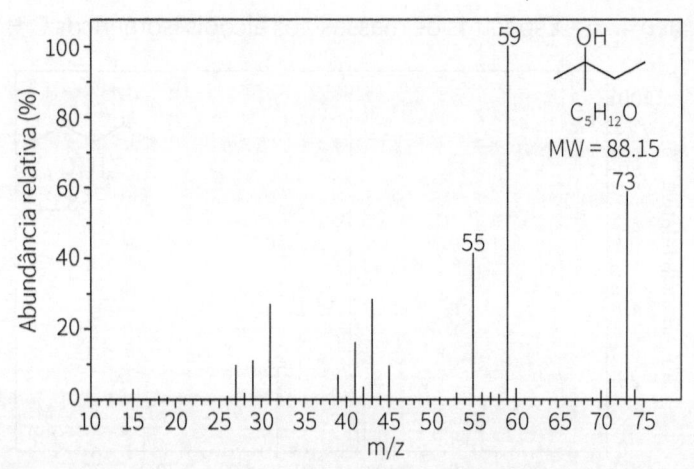

Fonte: Elaborado com base em Pavia et al., 2012, p. 446.

Para os fenóis, a fragmentação segue um padrão de compostos aromáticos. Nesse caso, o íon molecular é intenso, sendo muitas vezes observado como pico-base do espectro. Em cresóis, M-1 é maior em razão do fato de a quebra da ligação C–H levar à formação de cátion benzílico. São identificadas com frequência perdas de M-1, M-28 (perda de CO) e M-29 (perda de HCO). O espectro de massas do o-etilfenol é mostrado no Gráfico 4.11.

Gráfico 4.11 – Espectros de massas do o-etilfenol

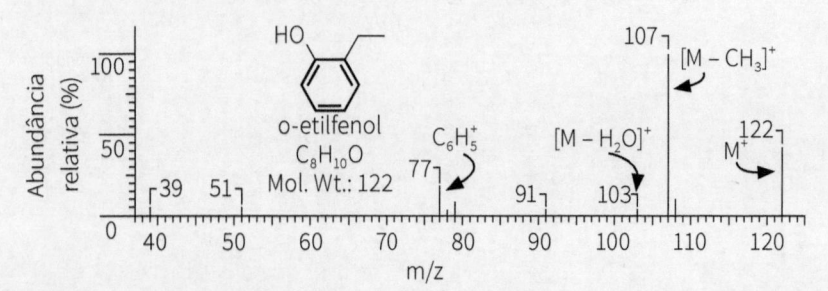

Fonte: Elaborado com base em Gross, 2004, p. 388.

Em éteres, apesar de fraco, o íon molecular é observável. Os fragmentos principais são resultados de quebras na ligação C–C na posição α do átomo de oxigênio (Figura 4.13).

Figura 4.13 – Fragmentação típica de éteres

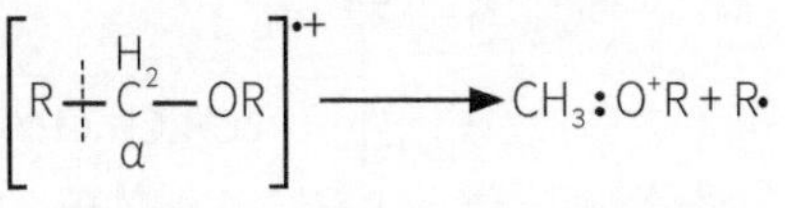

$$\left[R \!\!\mid\!\! \overset{H_2}{\underset{\alpha}{C}} \!\!-\!\! OR \right]^{\cdot +} \longrightarrow CH_3 : O^+R + R\cdot$$

Fonte: Elaborado com base em Pavia et al., 2012, p. 451.

Quando a cadeia carbônia apresenta ramificações, é comum observar fragmentos gerados por rearranjos moleculares, como no exemplo da Figura 4.14. Nesse caso, a migração de hidrogênio seguida de clivagem favorece a eliminação de eteno (neutro) e do íon acílio carregado.

Figura 4.14 – Fragmentação típica de éteres

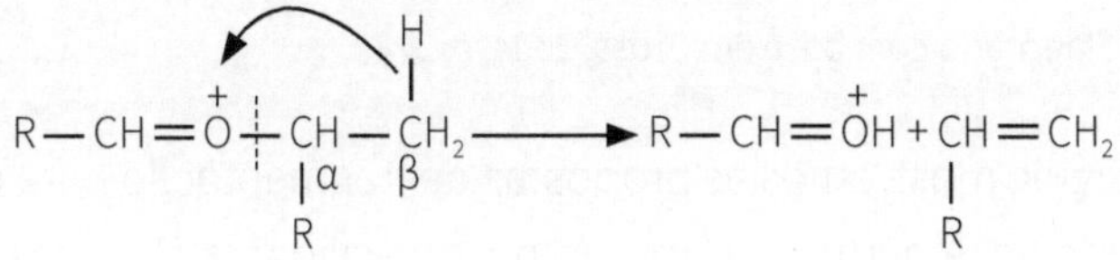

$$R\!-\!CH\!=\!\overset{+}{O}\!\!\mid\!\!\underset{\underset{R}{|\alpha}}{CH}\!-\!\underset{\beta}{\overset{H}{\overset{|}{C}H_2}} \longrightarrow R\!-\!CH\!=\!\overset{+}{O}H + CH\!=\!CH_2\!\!\underset{R}{|}$$

Fonte: Elaborado com base em Pavia et al., 2012, p. 451.

Compostos carbonilados também podem ser identificados em razão do padrão de fragmentação observado nos espectros. Aldeídos e cetonas, por exemplo, têm como principal fragmentação a quebra na ligação α-carbonila. Em aldeídos, essa quebra resulta em íons de *m/z* M-1 e, nas cetonas, a perda depende do grupo alquílico R, ligado a C=O. O íon formado é o íon acílio, estabilizado pela deslocalização eletrônica dos elétrons livres no átomo de oxigênio (Gráfico 4.12).

Gráfico 4.12 – Espectro de massas do butiraldeído

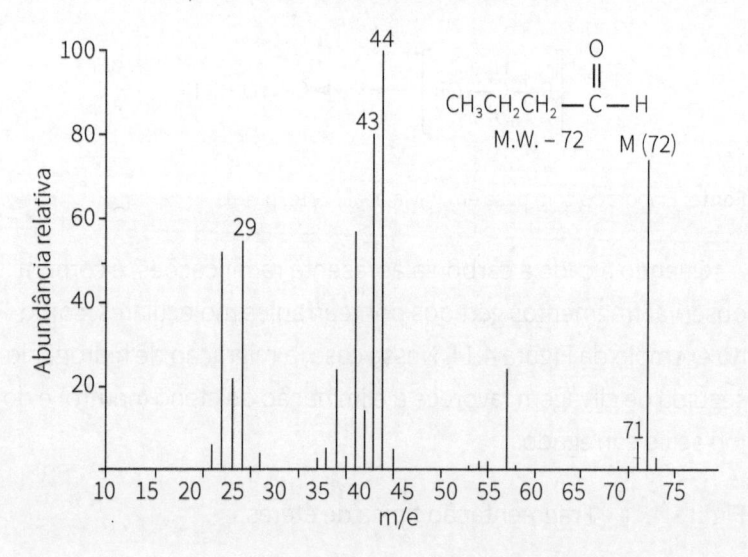

$$CH_3CH_2CH_2-\overset{\overset{O}{\|}}{C}-H$$
M.W. – 72   M (72)

Fonte: Elaborado com base em Gross, 2004, p. 372.

A seguir, mostramos as propostas de fragmentação para o butiraldeído. A perda de H resulta no íon acílio m/z 71. Esse íon pode, subsequentemente, eliminar CO (neutro), gerando um cátion de m/z 43.

Outra fragmentação observada resulta da clivagem da ligação α–C=O, formando o íon de m/z 29 carregado. O pico-base, de m/z 44, é resultante do rearranjo de McLafferty, eliminando alceno neutro (Figura 4.15).

Figura 4.15 – Fragmentações sugeridas para o butiraldeído

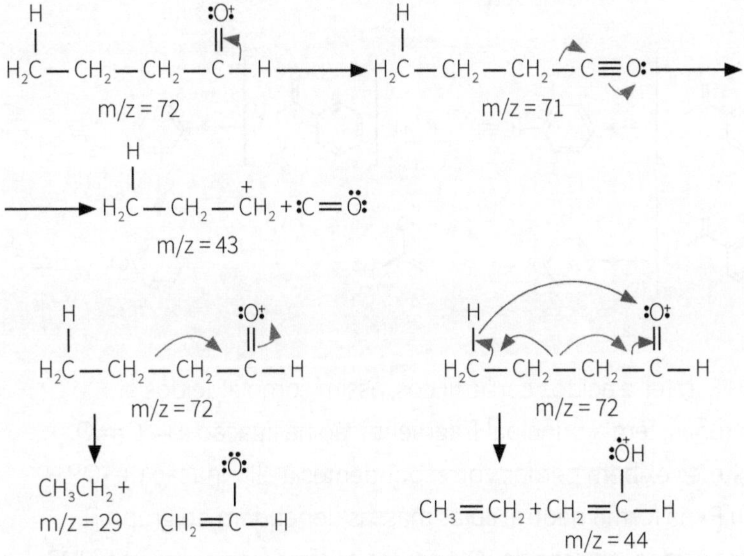

$$H_2C-CH_2-CH_2-\overset{\overset{\ddot{O}:}{\|}}{C}-H \longrightarrow H_2C-CH_2-CH_2-C\equiv\ddot{O}: \longrightarrow$$
$$m/z = 72 \qquad\qquad m/z = 71$$

$$\longrightarrow H_2C-CH_2-\overset{+}{C}H_2 + :C=\ddot{O}:$$
$$m/z = 43$$

$$H_2C-CH_2-CH_2-\overset{\overset{\ddot{O}:}{\|}}{C}-H \qquad\qquad H_2C-CH_2-CH_2-\overset{\overset{\ddot{O}:}{\|}}{C}-H$$
$$m/z = 72 \qquad\qquad\qquad m/z = 72$$

$$\downarrow \qquad\qquad\qquad\qquad\qquad \downarrow$$

$$CH_3CH_2+ \qquad :\ddot{O}: \qquad\qquad :\overset{+}{\ddot{O}}H$$
$$m/z = 29 \qquad CH_2=C-H \qquad CH_3=CH_2 + CH_2=C-H$$
$$\qquad\qquad\qquad\qquad\qquad\qquad m/z = 44$$

Aldeídos e cetonas aromáticas perdem H• (R•) e HCO• (RCO•) por segmentação α-C=O. Como resultado, os íons M-1 e M-29 podem ser mais intensos que o íon molecular (Figura 4.16). Observe que o íon acílio formado está ligado diretamente ao anel aromático, razão pela qual a estabilidade desse fragmento é aumentada.

Figura 4.16 – Fragmentações típicas em aldeídos e cetonas aromáticas

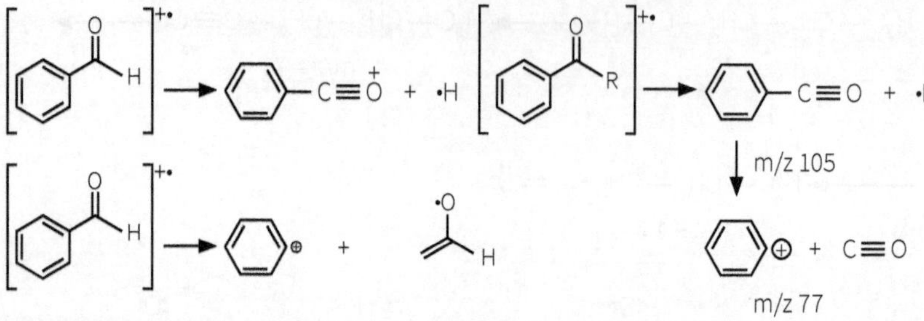

Ésteres e ácidos carboxílicos, assim como aldeídos e cetonas, têm a principal fragmentação na ligação $\alpha - C = O$. Ésteres exibem perdas correspondentes à eliminação de •OR ou R• na forma neutra, cujas massas dependem do grupo R. Nos ácidos, a perda de •OH neutro confere fragmentos de M-17, observando-se também o íon de m/z 45 (Figura 4.17).

Figura 4.17 – Fragmentações típicas para ésteres e ácidos carboxílicos

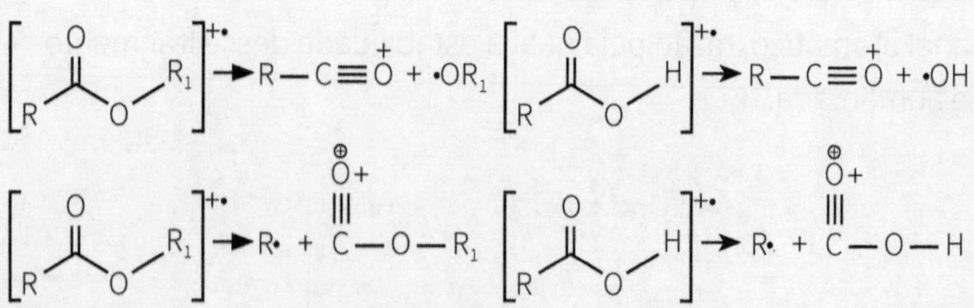

Um exemplo de espectro de massas é apresentado a seguir, no Gráfico 4.13. O composto analisado é o benzoato de isopropila, cuja massa molecular corresponde a 164 Da. Observe que o íon molecular M⁺ é intenso, confirmando a identidade do composto. O íon m/z 105 é formado pela eliminação de um fragmento neutro de massa 59 Da, que corresponde à eliminação de •OCH(CH$_3$)$_2$ pela clivagem na posição α. O íon acílio é estabilizado tanto pelo anel aromático quanto pelos elétrons não ligantes do átomo de oxigênio, sendo, portanto, o íon mais estável (pico-base).

Gráfico 4.13 – Espectro de massas do benzoato de metila

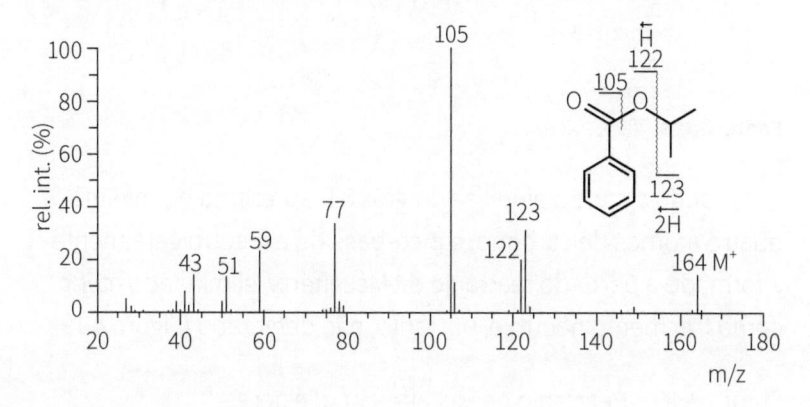

Fonte: Gross, 2004, p. 380

A proposta de fragmentação para o benzoato de isopropila é mostrada na Figura 4.18

Figura 4.18 – Proposta de fragmentação para o benzoato de isopropila

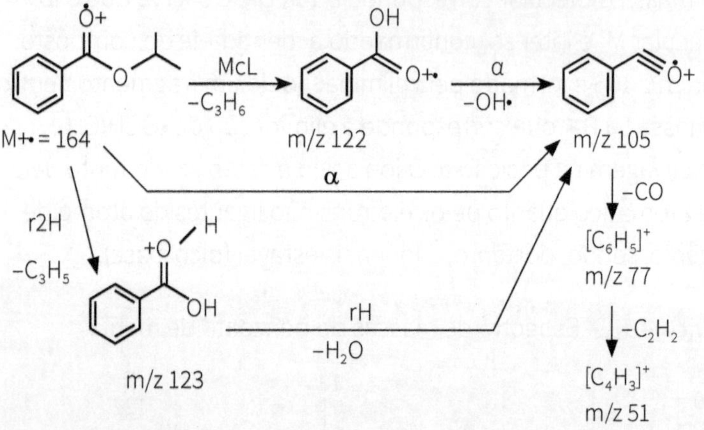

[figure showing fragmentation scheme with M+• = 164, m/z 122, m/z 105, m/z 123, [C$_6$H$_5$]$^+$ m/z 77, [C$_4$H$_3$]$^+$ m/z 51, with losses McL (−C$_3$H$_6$), α (−OH•), r2H (−C$_3$H$_5$), rH (−H$_2$O), −CO, −C$_2$H$_2$]

Fonte: Gross, 2004, p. 380.

Quando a cadeia alquílica do grupo R apresenta no mínimo quatro átomos de carbono, o pico-base do espectro geralmente é formado a partir do rearranjo de McLafferty, eliminando eteno como fragmento neutro e, portanto, não detectado (Figura 4.19).

Figura 4.19 – Rearranjo de McLafferty em ésteres e ácidos carboxílicos

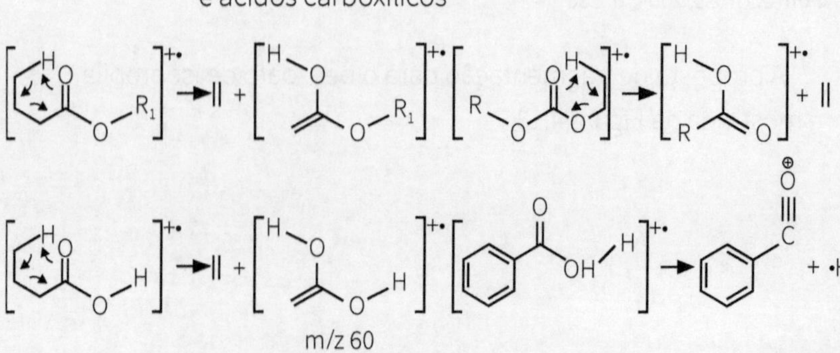

[figure showing McLafferty rearrangement mechanisms, with m/z 60 indicated]

Observe, por exemplo, o espectro de massas do ácido decanoico (Gráfico 4.14). O íon molecular, apesar de observável, nesse caso é de baixa intensidade. O pico-base do espectro é o íon *m/z* 60, resultante do rearranjo de McLafferty. Além do rearranjo, a clivagem na ligação γ-C=O dá origem ao íon de *m/z* 73.

Gráfico 4.14 – Espectro de massas do ácido decanoico e suas fragmentações principais

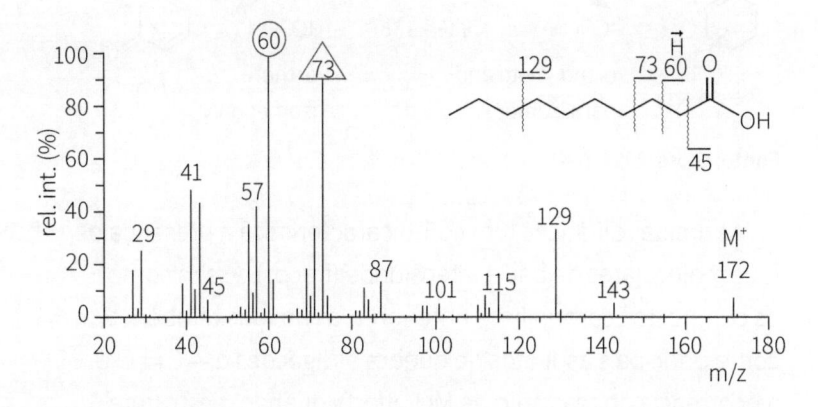

Fonte: Gross, 2004, p. 375.

Já em espectros de massas de ácidos carboxílicos aromáticos, o íon molecular é geralmente observado intensamente. O fragmento tipicamente observado para essa classe de compostos é mostrado na Figura 4.20. Note que os íons resultam da fragmentação típica para ácidos carboxílicos: a eliminação de •OH, a fragmentação na posição α-C=O, com eliminação de um fragmento neutro correspondente a 45 u.m.a.

Figura 4.20 – Principais fragmentações observadas em ácidos carboxílicos aromáticos

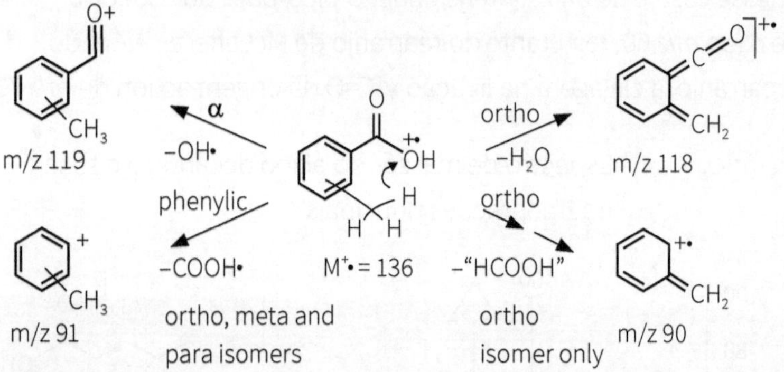

[Estruturas químicas:]

m/z 119 (benzaldeído catiônico com CH₃)

−OH• (α)
phenylic
−COOH•
ortho, meta and para isomers

M⁺• = 136

ortho −H₂O → m/z 118
ortho −"HCOOH" → m/z 90 (ortho isomer only)

m/z 91 (tropylium com CH₃)

Fonte: Gross, 2004, p. 412.

As amidas alifáticas têm como característica a presença de íons moleculares de baixa intensidade (fracos). Assim como os compostos carbonílicos anteriores, as amidas também têm como principais aspectos de quebra as ligações α — C═O e a ocorrência de rearranjo de McLafferty quando a estrutura apresenta mais de quatro carbonos (Figura 4.21).

Figura 4.21 – Fragmentações características do grupo funcional amida

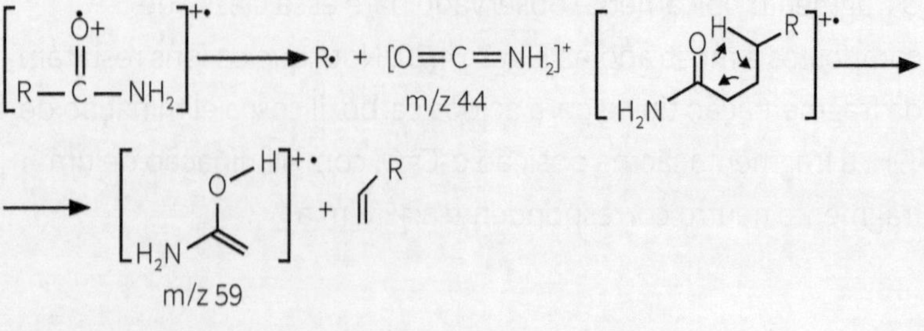

$$\left[R-\overset{\overset{\cdot}{O}+}{\underset{\|}{C}}-NH_2 \right]^{+\bullet} \longrightarrow R\bullet \; + \; [O{=}C{=}NH_2]^+$$

m/z 44

$$\longrightarrow \left[\begin{array}{c} O{\cdots}H \\ H_2N \end{array} \right]^{+\bullet} + \;\; \text{alqueno}$$

m/z 59

Fonte: Elaborado com base em Pavia et al., 2012, p. 468-469.

Os compostos halogenados clorados ou bromados apresentam uma característica muito peculiar no espectro de massas. Em razão da abundância isotópica, o íon molecular pode ter intensidades variáveis entre os íons M⁺ e M^{+2}. A análise cuidadosa dessa região fornece informações valiosas acerca da identidade do composto.

Pode ser observada a presença de um sinal de baixa intensidade à direita do íon M+. Esse íon M+1 corresponde a cerca de 1,2% de ^{13}C, presente naturalmente na amostra (Gráfico 4.15). Essa proporção entre intensidades pode, inclusive, ser empregada para verificar se o íon é, de fato, o íon molecular, já que nem sempre esse íon é observado no espectro.

Gráfico 4.15 – Espectro de massas do 1-penteno

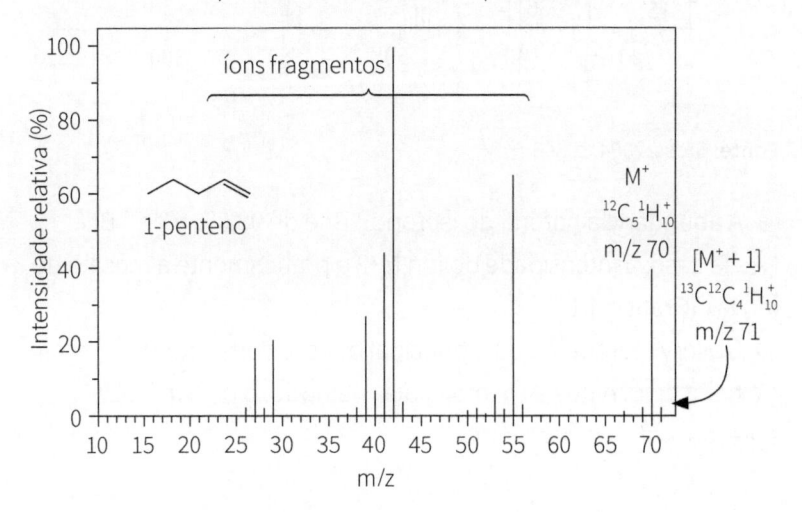

A abundância natural do isótopo ^{37}Cl é cerca de 32,5% a abundância do ^{35}Cl. A diferença entre eles é de duas unidades de massa, razão pela qual, compostos que têm cloro em sua estrutura apresentam um íon M+2 cerca de 1/3 da intensidade de M+ (Gráfico 4.16).

Gráfico 4.16 – Espectro de massas do cloreto de *tert*-butila

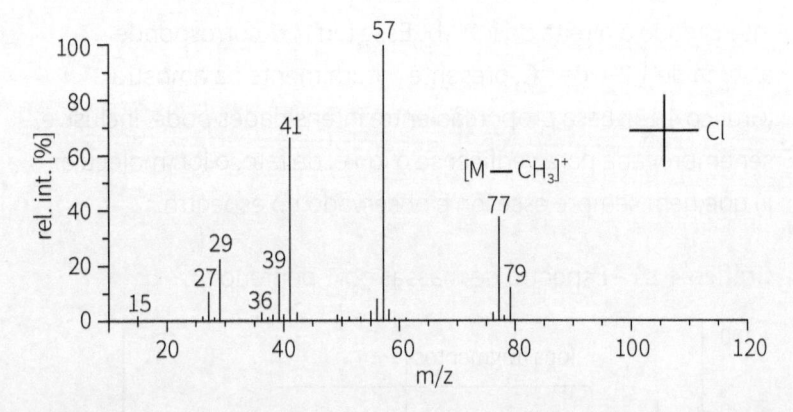

Fonte: Gross, 2004, p. 366.

A abundância natural do isótopo ^{81}Br é de 98,0% a do ^{79}Br. Nesse caso, a intensidade do íon M+2 é praticamente a mesma do íon M+ (Gráfico 4.17).

Observe também que a principal quebra corresponde à perda do halogênio. Ainda, se a molécula tiver iodo, o pico *m/z* 127 apresentará uma base larga.

Gráfico 4.17 – Espectro de massas do 1-bromooctano

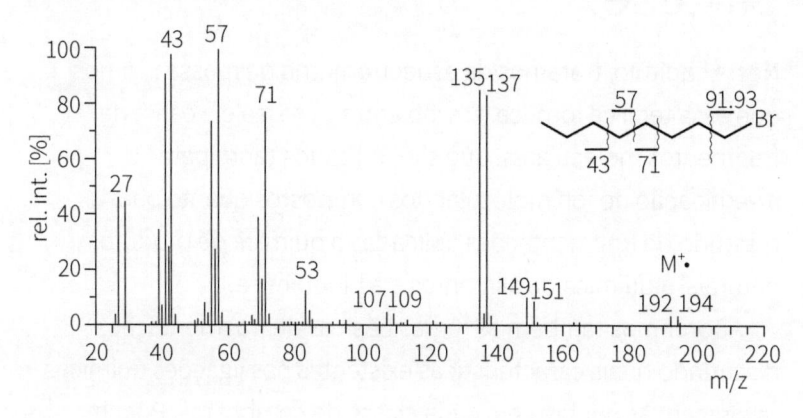

Fonte: Gross, 2004, p. 348.

Para saber mais

- Assista a uma videoaula sobre técnica, aplicações e pesquisas referentes à espectrometria de massas no canal do professor Marcos N. Eberlin, químico e cientista brasileiro. Disponível em: <https://www.youtube.com/watch?v=JfbslgpnwmY>. Acesso em: 10 fev. 2021.
- Conheça o *site* da Sociedade Americana de Espectrometria de Massas. Disponível em: <https://www.asms.org/about-mass-spectrometry/basics-of-mass-spectrometry>. Acesso em: 10 fev. 2021.

Síntese

Neste capítulo, tratamos da espectrometria de massas. Vimos que essa técnica fornece a razão entre a massa e a carga de fragmentos moleculares, que são utilizados tanto para a verificação do íon molecular dos compostos quanto para o estudo de fragmentações aplicadas à química de produtos naturais, à química de alimentos e à bioquímica.

Abordamos também as regras básicas de fragmentação, discutindo quais características existentes nas ligações químicas favorecem as quebras em cada classe de compostos. Por fim, mostramos como explorar as informações pela análise do íon molecular e como essas informações compiladas fornecem o que há de mais avançado na determinação estrutural de compostos orgânicos.

Atividades de autoavaliação

1. A seguir, são apresentados espectros de massas de 1 a 4. Assinale a alternativa que apresenta compostos compatíveis com a fragmentação observada:

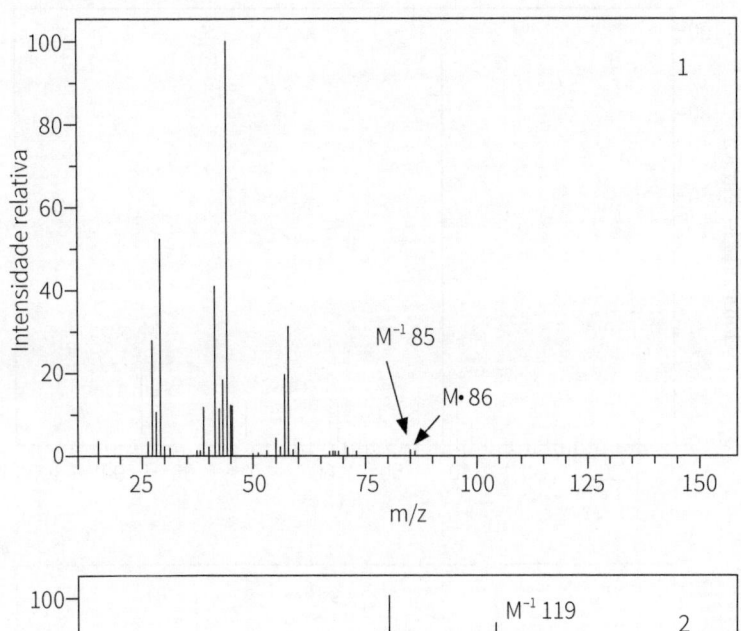

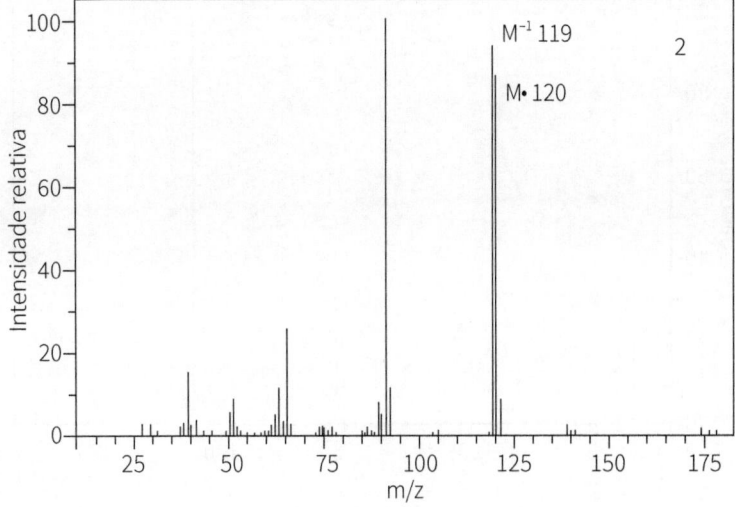

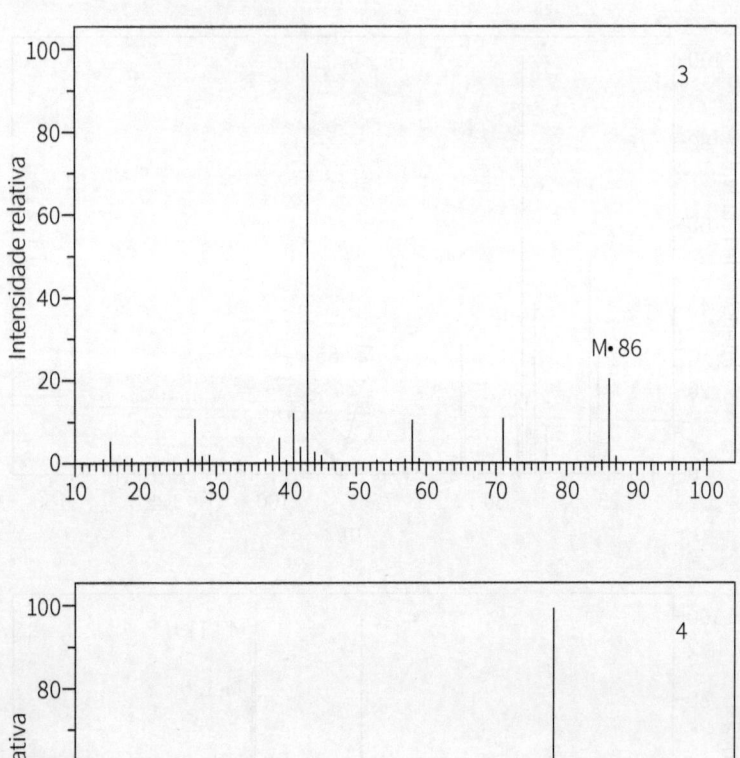

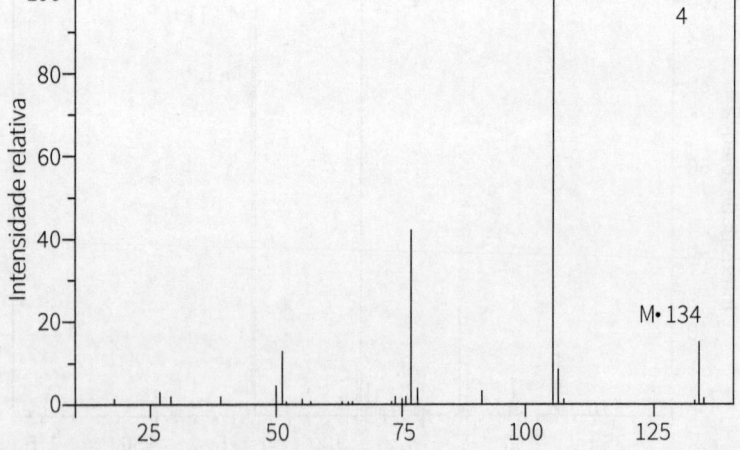

a) 1: pentanal; 2: tolualdeído; 3: 2-pentanona; 4: propiofenona.
b) 1: 2-pentanona; 2: tolualdeído; 3: pentanal; 4: propiofenona.
c) 1: pentanal; 2: propiofenona; 3: 2-pentanona; 4: tolualdeído.
d) 1: 2-pentanona; 2: propiofenona; 3: pentanal; 4: tolualdeído.
e) 1: tolualdeído; 2: pentanal; 3: propiofenona; 4: 2-pentanona.

2. Você recebeu um lote de cetonas utilizadas como matéria-prima na produção de um fármaco. Entretanto, os carregamentos foram misturados e, para identificar as amostras, espectros de massas foram adquiridos. Assinale a alternativa que relaciona corretamente cada composto ao espectro correspondente:

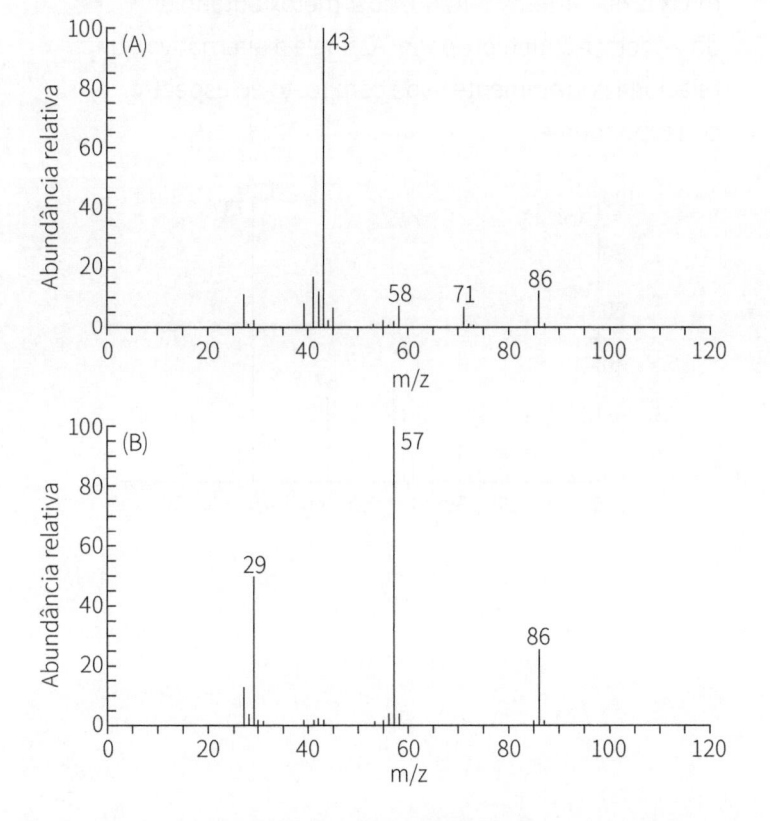

[Estruturas: 1) butanona com CH₃; 2) pentan-3-ona H₃C-CH₂-C(=O)-CH₂-CH₃; 3) 3-metilbutan-2-ona; 4) 2-metilpentan-3-ona]

a) Espectro A: composto 1; espectro B: composto 2.
b) Espectro A: composto 2; espectro B: composto 1.
c) Espectro A: composto 1; espectro B: composto 3.
d) Espectro A: composto 3; espectro B: composto 1.
e) Espectro A: composto 2; espectro B: composto 4.

3. A seguir, são mostrados os espectros de massas do 1-metoxibutano, do 2-metoxibutano e do 2-metoxi-2-metilpropano. Assinale a alternativa que relaciona corretamente cada composto ao espectro correspondente:

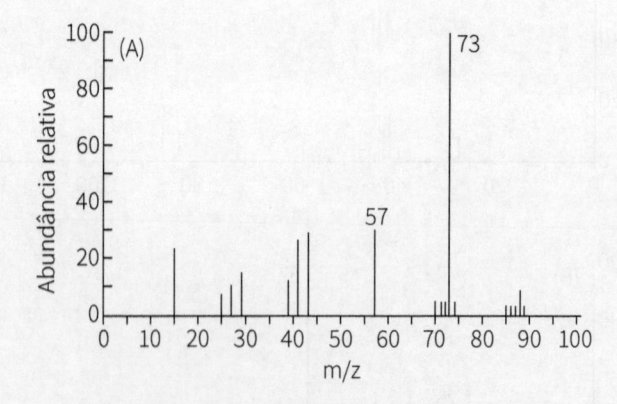

[Espectro (A): picos principais em m/z = 57 e 73]

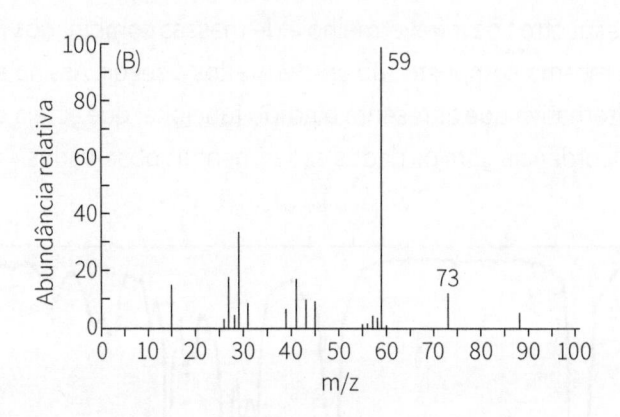

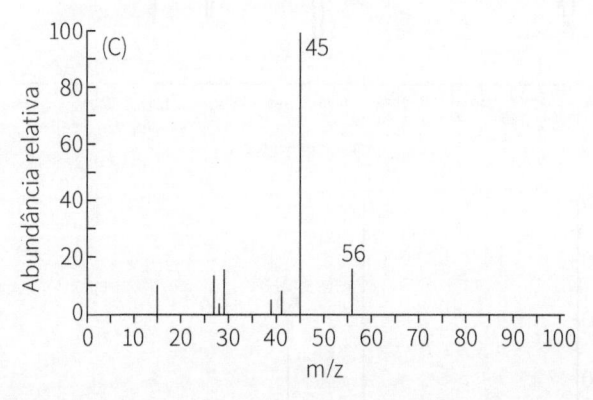

a) Espectro A: 1-metoxibutano; espectro B: 2-metoxibutano; espectro C: 2-metoxi-2-metilpropano.
b) Espectro A: 2-metoxibutano; espectro B: 1-metoxibutano; espectro C: 2-metoxi-2-metilpropano.
c) Espectro A: 2-metoxi-2-metilpropano; espectro B: 2-metoxibutano; espectro C: 1-metoxibutano.
d) Espectro A: 2-metoxibutano; espectro B: 2-metoxi-2-metilpropano; espectro C: 1-metoxibutano.
e) Espectro A: 1-metoxibutano; espectro B: 2-metoxi-2-metilpropano; espectro C: 2-metoxibutano.

4. Os espectros de infravermelho e de massas combinados para um mesmo composto são apresentados a seguir. Assinale a alternativa que apresenta o grupo funcional que esteja em concordância com os dados experimentais observados:

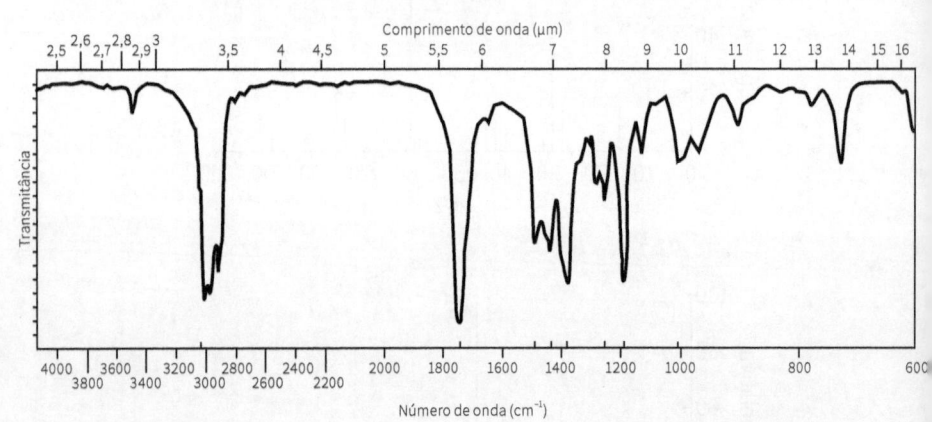

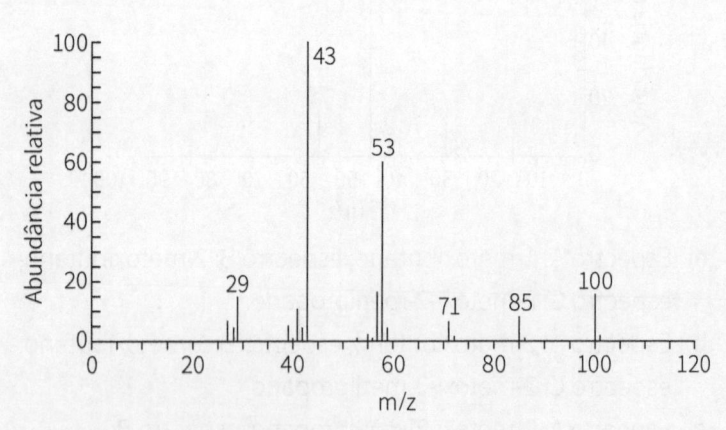

a) Ácido carboxílico.
b) Amida primária.
c) Álcool secundário.
d) Éster.
e) Cloreto de ácido.

5. A seguir, é apresentado um conjunto de espectros de infravermelho e de massas. Com base nos dados experimentais observados, assinale a alternativa que indica corretamente o composto correspondente:

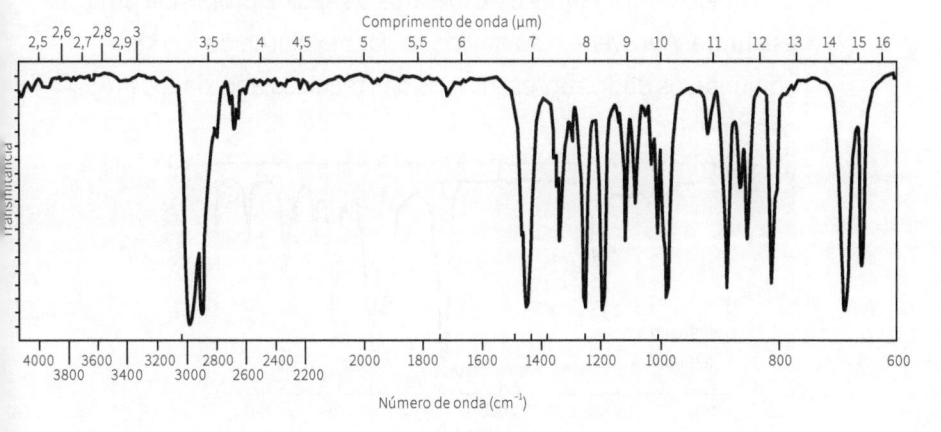

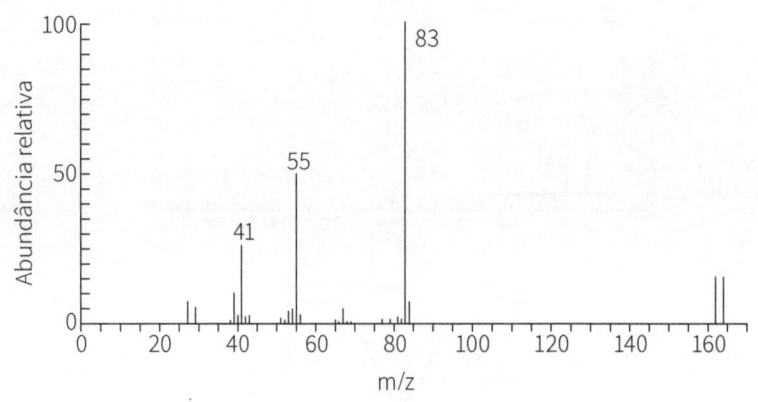

a) Ácido carboxílico bromado.
b) Fenol.
c) Amida primária e aromática.
d) Haleto de alquila bromado.
e) Haleto de alquila clorado.

Atividades de aprendizagem
Questões para reflexão

1. Considere os conjuntos de espectros a seguir e proponha uma estrutura. Aproveite esta atividade para explorar, de forma conjunta, os dados apresentados das técnicas abordadas até o momento:

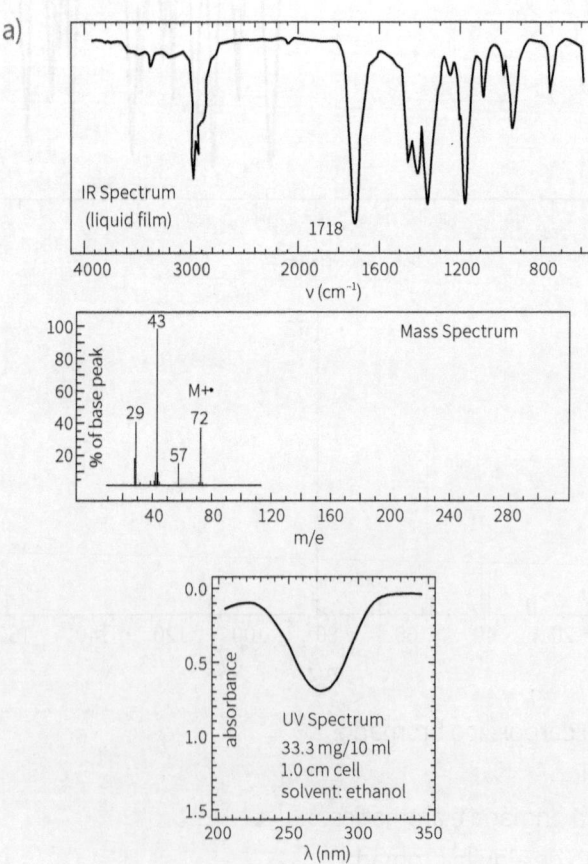

a)

IR Spectrum (liquid film); 1718; ν (cm^{-1})

Mass Spectrum: 43 (base peak), 29, 57, 72 (M+•); m/e

UV Spectrum; 33.3 mg/10 ml; 1.0 cm cell; solvent: ethanol; λ (nm)

b)

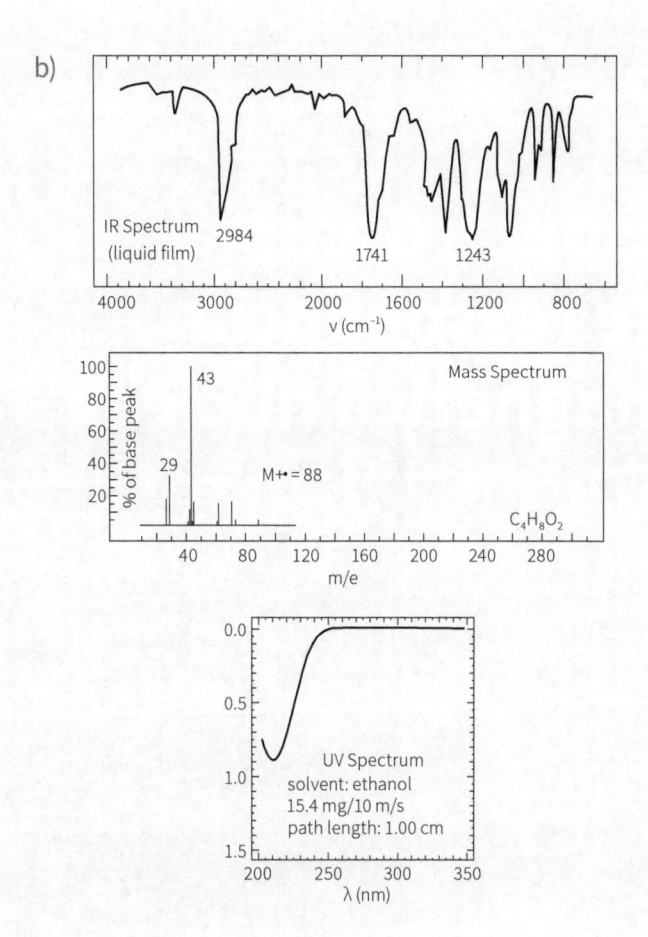

IR Spectrum (liquid film)
2984
1741
1243
ν (cm^{-1})

Mass Spectrum
29
43
M+• = 88
$C_4H_8O_2$
m/e

UV Spectrum
solvent: ethanol
15.4 mg/10 m/s
path length: 1.00 cm
λ (nm)

Atividade aplicada: prática

1. Pesquise em arquivos e reportagens esportivas sobre os exames médicos realizados nas competições olímpicas para controle de *doping*. Busque informações sobre as substâncias que são monitoradas e como a espectrometria de massas é usada nesse campo de aplicação.

Capítulo 5

Espectroscopia de ressonância magnética nuclear

A espectroscopia de ressonância magnética nuclear (RMN) é uma das mais importantes ferramentas de análise em química. Reconhecidamente uma das mais empregadas pelos químicos orgânicos para a elucidação de estruturas químicas, ao longo dos anos, vem expandindo suas fronteiras de atuação para a química de materiais, solo, alimentos, bebidas, em estudos ambientais e também no diagnóstico de doenças.

Neste capítulo, abordaremos os conceitos físicos envolvidos no fenômeno de ressonância, as características que tornam os núcleos de alguns átomos sensíveis à precessão e a forma como as informações contidas nos espectros são utilizadas para a identificação dos compostos. Não temos a pretensão de explorar todos os aspectos da RMN, mas apenas de apresentar alguns aspectos introdutórios, como os princípios básicos de funcionamento, os tipos de informações que podem ser gerados e, ainda, a aplicação dessas informações para a identificação de moléculas orgânicas.

O objetivo principal é fornecer a você, leitor, os conhecimentos básicos para a identificação da conectividade entre os átomos na molécula e a abstração de informações quantitativas a partir dos espectros, bem como demonstrar a versatilidade da RMN como ferramenta científica.

5.1 Princípios básicos de RMN

Uma das grandes vantagens que a técnica de RMN propicia é a possiblidade de analisar as amostras de forma não destrutiva, sem a necessidade de etapas de preparo ou pré-tratamento, além de dispensar o uso de padrões, fornecendo em um mesmo experimento informações qualitativas e quantitativas.

As análises em RMN podem ser feitas em solução, quando a amostra é solubilizada em solvente deuterado apropriado. Esse é o meio mais comum de realizar experimentos de RMN. Entretanto, também podem ser analisados materiais sólidos ou semissólidos, dependendo da configuração do espectrômetro. Um exemplo ilustrativo de um espectrômetro de RMN é mostrado na Figura 5.1, a seguir.

Figura 5.1 – Espectrômetro de ressonância magnética nuclear de 200 MHz e suas unidades operacionais: magneto (A), console (B) e sistema operacional (C)

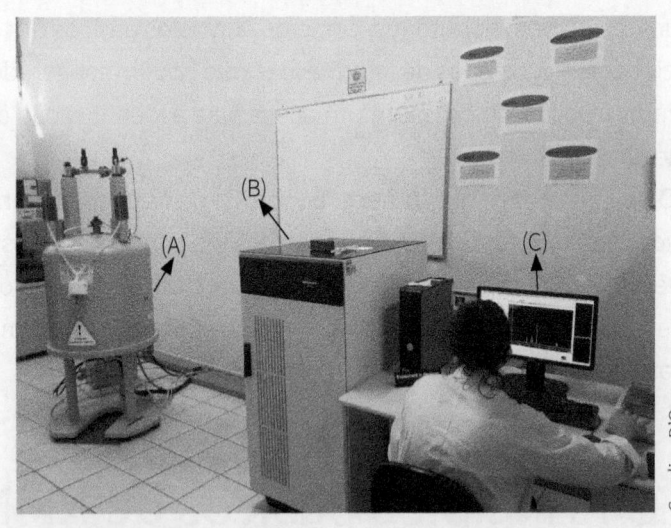

Podemos encontrar muitos livros dedicados exclusivamente à RMN, explorando os aspectos técnicos, os tipos de experimentos e sequências de pulso que permitem extrair as informações de interesse. Esse universo envolve não só análises unidimensionais de ^{1}H e ^{13}C, que são as mais frequentes, mas também de outros núcleos, como ^{19}F, ^{31}P e ^{77}Se. Além disso, uma vasta gama de experimentos bidimensionais (2D) de correlações homo e heteronucleares pode ser utilizada para identificar de maneira inequívoca os compostos orgânicos presentes. Essas análises podem ser feitas tanto em amostras isoladas quanto em misturas complexas de produtos naturais, extratos e fluidos biológicos, por exemplo.

Assim como as demais ferramentas espectroscópicas de análise, a espectroscopia de RMN também utiliza a interação entre a radiação eletromagnética e a matéria para obter informações sobre a identidade dos compostos em estudo. Em RMN, a radiação apresenta baixas frequências e energias, compatíveis com ondas de rádio (radiofrequências), suficientes apenas para promover modificações nos estados de *spin* nucleares. Nesse caso, essa energia é utilizada para promover os *spins* nucleares para estados de mais elevada energia. Contudo, essa diferenciação energética entre os *spins* só acontece na presença de um campo magnético externo.

Nem todos os núcleos atômicos são sensíveis a essa diferenciação energética. Para que isso aconteça, é necessário que esses nuclídeos apresentem uma propriedade chamada *spin*. Os núcleos que têm essa propriedade comportam-se como se estivessem girando. Sabemos que qualquer átomo que tenha massa ímpar ou número atômico ímpar, ou ambos, apresenta **momento angular de *spin*** e **momento magnético**, podendo, portanto, ser analisado por RMN.

Os núcleos mais conhecidos que apresentam *spin* são ^{1}H, ^{2}H, ^{13}C, ^{14}N, ^{17}O e ^{19}F. Observe que os isótopos mais abundantes de ^{12}C e ^{16}O não detêm essa propriedade; logo, não são sensíveis ao fenômeno de ressonância. No entanto, o núcleo de ^{1}H, isótopo mais abundante, apresenta *spin* nuclear e é o experimento de primeira escolha para a análise dos compostos orgânicos.

Para cada núcleo com *spin*, o número de estados de *spin*, ou orientações permitidas que esse *spin* pode adotar, é quantizado. Esse número é determinado por seu número quântico de *spin* nuclear *I*, a partir da expressão 2.*I* + 1, com diferenças inteiras de +*I* a −*I*. O núcleo de ^{1}H, por exemplo, tem o número quântico de *spin I* = 1/2. Aplicando esse termo na expressão, podemos perceber que o núcleo de hidrogênio apresenta dois estados de *spin* permitidos: +1/2 e −1/2. Para o núcleo de cloro, *I* = 3/2 e, nesse caso, quatro estados de *spin* são permitidos: −3/2, −1/2, +1/2 e +3/2. A Tabela 5.1 indica os números de estados de *spin* para os principais nuclídeos.

Tabela 5.1 – Números quânticos e estados de *spin* de alguns núcleos

Elemento	^{1}H	^{2}H	^{12}C	^{13}C	^{14}N	^{16}O	^{17}O	^{19}F	^{31}P	^{35}Cl
Número quântico de *spin* (*I*)	1/2	1	0	1/2	1	0	5/2	1/2	1/2	1/2
Números de estados de *spin*	2	3	0	2	3	0	6	2	2	4

Fonte: Elaborado com base em Pavia et al., 2012, p. 102.

Na ausência de campo magnético externo, todos os estados de *spin* apresentam a mesma energia (degenerada). Quando submetidos a um campo magnético (o magneto do espectrômetro), esses estados de *spin* se diferenciam em níveis de energia, pois os núcleos são partículas carregadas em movimento. Toda carga em movimento produz um campo magnético próprio e, com isso, apresenta um momento magnético (μ). O núcleo de hidrogênio pode ter um *spin* no sentido horário (+1/2) ou anti-horário (−1/2), orientando, portanto, os momentos magnéticos em direções opostas (Figura 5.2).

Na presença de um campo magnético externo (B_0), os *spins* nucleares adotam uma orientação a favor ou contrária ao sentido de B_0. O estado de *spin* +1/2 está orientado no mesmo sentido de B_0 e, por esse motivo, apresenta menor energia, enquanto os estados de *spin* −1/2, orientados no sentido oposto ao campo, apresentam maior energia.

Figura 5.2 – Estados de *spin* na ausência e na presença de campo magnético externo (B_0)

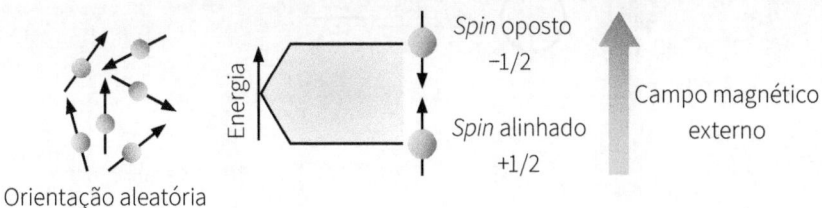

Orientação aleatória
Spins na ausência de B_0

Spin oposto −1/2
Spin alinhado +1/2

Campo magnético externo

Fonte: Elaborado com base em Bruice, 2006, p. 525.

O fenômeno de RMN ocorre quando núcleos alinhados ao campo magnético aplicado, ao absorverem energia de radiofrequência, são induzidos a mudar sua orientação para o sentido oposto ao campo, de maior energia (Figura 5.3). O fenômeno de absorção de energia é um processo quantizado, devendo ser equivalente à diferença de energia entre os estados envolvidos.

A diferença de energia entre os dois estados é dependente da intensidade do campo magnético B_0 aplicado, sendo que, quanto maior o campo, maior a diferença de energia entre os estados de *spin*. Entretanto, a separação de energia entre os níveis não depende apenas do campo magnético. Ela também depende de uma propriedade do núcleo a ser analisado, a constante magnetogírica (γ).

Figura 5.3 – Representação da energia no fenômeno de ressonância

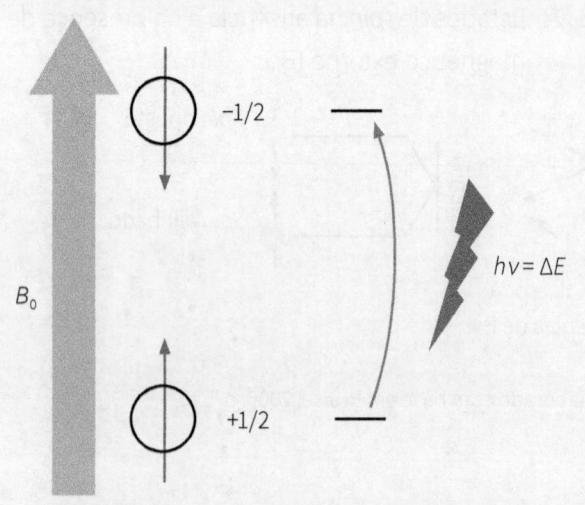

$h\nu = \Delta E$

B_0

E(absorvida) = (E estado -1/2 - E estado +1/2) = $h\nu$

Essa constante é dada pela razão entre os momentos magnéticos e angular e é específica para cada núcleo, uma vez que estes apresentam massas e cargas diferentes. É uma medida de quão sensível é o núcleo quanto ao campo magnético e relaciona energia e campo magnético pela equação:

$$\Delta E = f(\gamma B_0) = h\nu$$

Uma vez que o momento angular do núcleo é quantizado em unidades de $h/2\pi$, esse termo pode ser substituído na equação, o que leva à seguinte expressão:

$$\Delta E = \gamma \frac{(h)}{2\pi} B_0 = h\nu$$

A partir disso, chegamos à equação que determina a frequência da energia necessária para que o fenômeno de ressonância possa ocorrer para cada núcleo:

$$\upsilon = \gamma \frac{(\gamma)}{2\pi} \cdot B_0$$

Dessa forma, para um núcleo de ^1H, por exemplo, cuja constante magnetogírica é de 267,53 rad/T, em um espectrômetro de 7,05 teslas (T), a frequência de ressonância será de 300 MHz. A Tabela 5.2 informa a frequência de ressonância para um mesmo nuclídeo em função do aumento do campo magnético.

Tabela 5.2 – Frequências de ressonância em função do campo magnético

Isótopo	Abundância natural (%)	Intensidade de campo B_0 (tesla)	Frequência, υ (MHz)	Razão giromagnética, γ (radianos/tesla)
^{1}H	99,98	1,00	42,6	267,53
		1,41	60,0	
		2,35	100,0	
		4,70	200,0	
		7,05	300,0	
		9,47	400,1	
^{2}H	0,00156	1,00	6,5	41,1
^{13}C	1,108	1,00	10,7	67,28
		1,41	15,1	
		2,35	25,0	
		4,70	50,0	
		7,05	75,0	
^{19}F	100	1,00	40,0	251,7
^{31}P	100	1,00	17,2	108,3

Fonte: Elaborado com base em Pavia et al., 2012, p. 105.

Como observamos, muitos núcleos são sensíveis ao fenômeno da ressonância. Para o químico, o maior interesse está nas análises de ^{1}H e ^{13}C. Para um próton (o núcleo do átomo de hidrogênio), quando o campo magnético externo B_0 for o equivalente a 1,41 T, a diferença de energia entre os estados de *spin* será o equivalente a 2,39 x 10^{-5} Kj/mol, o que corresponde a uma frequência de aproximadamente 60 MHz (60 000 000 Hz). Isso quer dizer que, para um próton, se o campo magnético aplicado tiver intensidade de aproximadamente 1,4 T, o fenômeno de ressonância ocorrerá em aproximadamente 60 MHz.

A diferença de energia entre os estados de *spin* nessa condição (2,39 x 10^{-5} Kj/mol) é alcançada pela energia térmica da temperatura ambiente. Como essa diferença energética é pequena, os *spins* nucleares ocupam de maneira praticamente igual ambos os níveis de energia. Porém, um pequeno excesso de *spins* ocupa preferencialmente o estado de menor energia, seguindo a distribuição de equilíbrio de Boltzmann.

Nessas condições, há cerca de nove núcleos excedentes no estado de *spin* mais baixo, o que implica assumir que são esses *spins* excedentes que efetivamente fornecerão a resposta ao fenômeno de ressonância. Portanto, o excesso populacional dos *spins* nucleares no nível mais baixo de energia é fundamental para aumentar a sensibilidade dos experimentos de RMN.

Uma forma de alcançar essa condição é aumentar diferença de energia entre os estados de *spin*. Isso é alcançado com equipamentos de campos magnéticos maiores, que elevam, consequentemente, a frequência de precessão (Figura 5.4). Um equipamento de 14,1 T, por exemplo, tem a frequência do núcleo de ^{1}H em 600 MHz e, nessa condição, o excesso populacional de *spins* no estado de menor energia aumenta para 96.

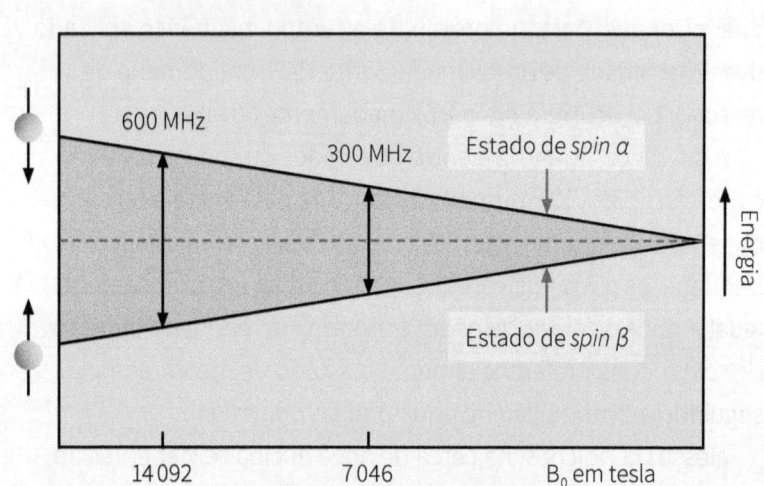

Figura 5.4 – Representação da energia no fenômeno de ressonância

[Figura: diagrama mostrando diferença de energia entre estados de spin α e spin β em função do campo magnético aplicado (B_0), com valores de 600 MHz em 14 092 tesla e 300 MHz em 7 046 tesla.]

Campo magnético aplicado (B_0)

Fonte: Elaborado com base em Bruice, 2006, p. 525.

Entretanto, se todos os núcleos de hidrogênio da molécula entrassem em ressonância na mesma frequência, o fenômeno não teria utilidade para identificar o composto presente. O que permite diferenciar a conectividade entre os átomos a partir de um espectro de RMN de ^{1}H é justamente o fato de que o ambiente químico em que se encontram esses núcleos afeta a frequência com que entram em ressonância.

Os núcleos atômicos estão rodeados pela nuvem eletrônica que constitui as ligações químicas. A densidade eletrônica que envolve os núcleos provoca um efeito de blindagem desses núcleos, ou seja, esses elétrons "protegem" os núcleos do campo magnético externo. Isso porque, como partículas carregadas em movimento, também vão gerar um campo magnético de sentido oposto ao campo externo, diminuindo a intensidade sentida pelo núcleo. Esse efeito é denominado **blindagem diamagnética** ou **anisotropia**.

Como resultado da anisotropia, todos os efeitos moleculares que modificam a densidade eletrônica entre os átomos nas ligações químicas afetam, consequentemente, a frequência com que cada núcleo está exposto ao campo externo. Por esse motivo, é possível observar sinais em lugares distintos do espectro: ressonando em frequências distintas. Como essas diferenças de frequência são muito sutis, é difícil realizar medidas com precisão.

Para isso, um composto de referência é adicionado à solução, a partir do qual os deslocamentos dos demais hidrogênios da amostra serão medidos. O composto utilizado como padrão universal em RMN é o tetrametilsilano (TMS), que apresenta os núcleos de hidrogênios mais protegidos que os demais hidrogênios nos compostos orgânicos. Essa blindagem se deve ao fato de o átomo de carbono ser levemente mais eletronegativo que o átomo de silício; a densidade eletrônica em torno das metilas é uma das mais elevadas entre os compostos orgânicos geralmente analisados.

Dessa forma, quando um composto é medido, a ressonância de seus hidrogênios é expressa em termos de deslocamento (em hertz) dos sinais do TMS, considerado como o ponto zero do espectro.

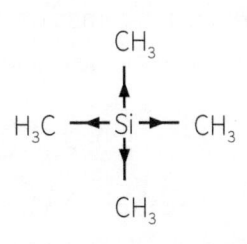

$$H_3C - Si \begin{matrix} CH_3 \\ | \\ | \\ CH_3 \end{matrix} - CH_3$$

O deslocamento do núcleo de hidrogênio do composto, com relação aos hidrogênios do TMS, é dependente da intensidade do campo magnético aplicado. Na Tabela 5.2, vimos que a ressonância do hidrogênio em um campo de 1,41 T corresponde a aproximadamente 60 MHz. Em um campo de 2,35 T, essa frequência muda para cerca de 100 MHz.

Seria muito difícil universalizar a técnica de RMN como medida em vista dessas diferenças, o que dificultaria a comparação de dados obtidos em espectrômetros com intensidade de campo diferentes. Para isso, os químicos convencionaram expressar o deslocamento químico em uma unidade independente da força de B_0: o deslocamento químico (δ). O deslocamento químico é obtido dividindo-se o deslocamento químico em Hz do hidrogênio pela frequência em MHz do espectrômetro com o qual a medida foi adquirida:

$$\delta = \frac{\text{(deslocamento químico em Hz)}}{\text{(frequência do espectrômetro em MHz)}}$$

O valor obtido em partes por milhão (ppm) expressa o quanto o valor medido para determinado núcleo de hidrogênio está deslocado do sinal do TMS, independentemente do equipamento em que o experimento foi realizado.

Podemos verificar isso na Figura 5.5, em que a escala típica de um espectro de RMN de ^{1}H é mostrada. Observe que os hidrogênios do CH_3Br ressonam em frequência de 60 MHz em $B_0 = 1,41$ T e em 100 MHz em um campo de 2,35 T. No entanto, ambas as razões levam ao mesmo descolamento químico de 2,70 ppm.

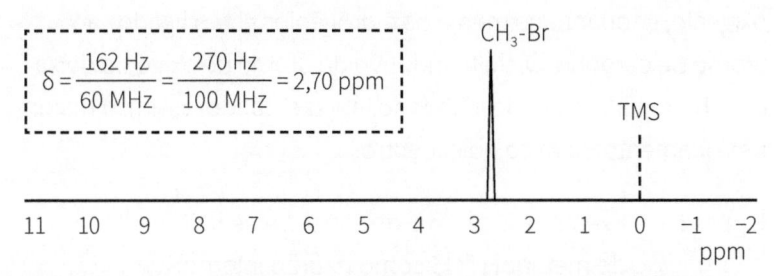

Figura 5.5 – Escala de deslocamentos químicos (δ) em partes por milhão (ppm)

$$\delta = \frac{162 \text{ Hz}}{60 \text{ MHz}} = \frac{270 \text{ Hz}}{100 \text{ MHz}} = 2{,}70 \text{ ppm}$$

CH_3-Br

TMS

11 10 9 8 7 6 5 4 3 2 1 0 −1 −2
ppm

Como resultado, os experimentos de RMN reportam em um espectro informações que permitem diferenciar o ambiente químico dos núcleos de hidrogênio. Essa informação permite inferir se esses hidrogênios estão ligados a anéis aromáticos, duplas ou triplas ligações ou se há grupos retiradores de elétrons em suas vizinhanças, por exemplo.

5.2 O espectro de RMN de ^{1}H

A Figura 5.6, a seguir, mostra um exemplo ilustrativo de um espectro típico de RMN, obtido para a molécula de metanol. Observe que o sinal para o TMS é ajustado como o zero na escala de deslocamento. No espectro, vemos a presença de dois sinais, o que quer dizer que existem dois tipos de hidrogênios distintos na molécula, ou seja, que experimentam ambiente químico e magnético distinto. Os três hidrogênios ligados ao átomo de carbono são definidos como hidrogênios equivalentes e vão apresentar o mesmo sinal no espectro de RMN. Os núcleos equivalentes estão todos em um mesmo ambiente químico na molécula, exceto pelo o hidrogênio ligado à hidroxila. Isso porque, nesse caso, o átomo de hidrogênio está ligado diretamente ao oxigênio, enquanto na metila os hidrogênios estão ligados ao átomo de carbono. O efeito indutivo do átomo de oxigênio deixa esse hidrogênio mais desblindado, apresentando, assim, o maior deslocamento químico no espectro.

Figura 5.6 – Exemplo ilustrativo de espectro de RMN de ^{1}H do metanol (TMS como padrão interno)

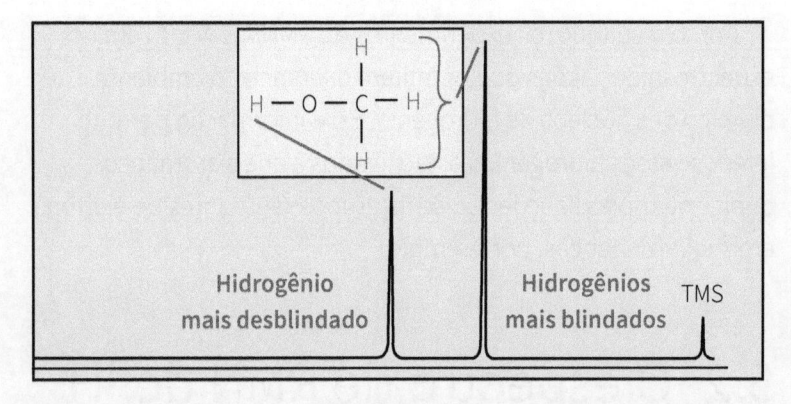

Além do efeito indutivo, os efeitos de ressonância e o efeito anisotrópico são responsáveis pelas variações em deslocamentos químicos observadas nos compostos orgânicos. Em virtude de esses efeitos serem observados de forma sistemática e característica para as ligações e grupos funcionais, a compilação das regiões características dos hidrogênios é encontrada em muitas tabelas de apoio, e você poderá fazer uso delas sempre que necessário (Figura 5.7).

Desse modo, a presença de sinais em torno de 7,0 ppm é indicativo da presença de anéis aromáticos; em 9,0 ppm, sugere a presença de aldeídos, assim como sinais entre 3,0 e 5,0 ppm, aproximadamente, indicam a existência de heteroátomos na estrutura do composto.

Figura 5.7 – Regiões típicas de deslocamento químico de hidrogênios em diferentes compostos orgânicos

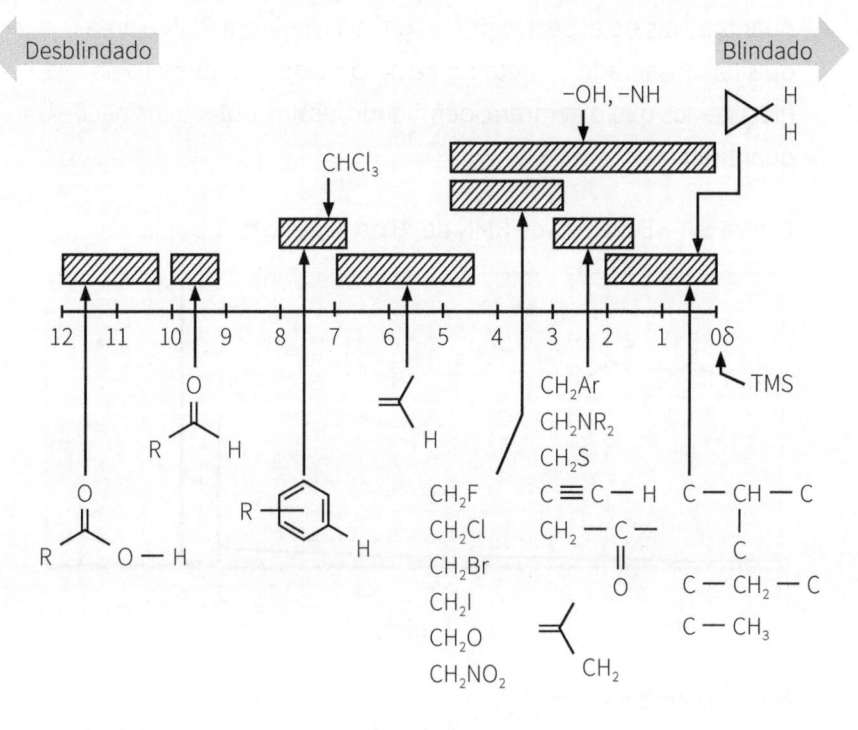

◄ Desblindado   Blindado ►

```
                                    -OH, -NH            H
                                                       ▷
                         CHCl₃                          H

12  11  10  9   8   7   6   5   4   3   2   1   0δ
                                                    ↖ TMS
         O                          CH₂Ar
         ‖                          CH₂NR₂
      R     H          H            CH₂S
  O                         CH₂F    C≡C—H      C—CH—C
  ‖              R                                 |
R    O—H                H   CH₂Cl   CH₂—C—         C
                            CH₂Br        ‖
                            CH₂I         O     C—CH₂—C
                            CH₂O                C—CH₃
                            CH₂NO₂      CH₂
```

Fonte: Elaborado com base em Pavia et al., 2012, p. 119.

Observemos, por exemplo, o espectro mostrado na Figura 5.8, a seguir. Dois sinais são percebidos no espectro, indicando dois tipos de hidrogênios diferentes: os hidrogênios ligados ao carbono α-carbonila e os hidrogênios ligados ao carbono quaternário, que, por sua vez, é ligado ao átomo de oxigênio.

No espectro, estão indicadas as áreas relativas de cada sinal em mm. Um deles mede 23 mm e o outro mede 67 mm. A relação entre eles fornece uma proporção 1:3. A área do sinal observado em RMN propicia a possibilidade de obter informações quantitativas no espectro de ressonância, pois em RMN a área do sinal observado é diretamente proporcional ao número de hidrogênios que o geraram, permitindo, assim, obter informações quantitativas.

Figura 5.8 – Espectro de RMN de ^{1}H do acetato de *t*-butila

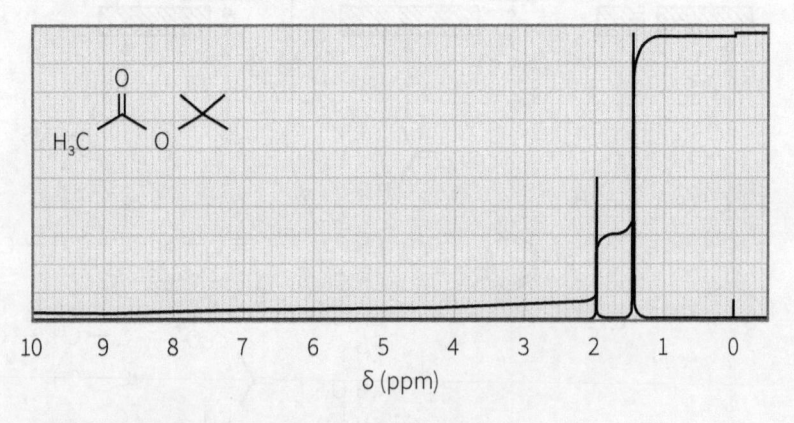

Fonte: Bruice, 2006, p. 585.

Logo, podemos identificar que o sinal referente à terc-butila, com 9H, é observado em aproximadamente 1,5 ppm, enquanto o sinal em 2,0 ppm é atribuído ao grupo acetil, com 3H. Além disso, o formato que o sinal apresenta terá informações acerca da conectividade entre os átomos. Essa informação é denominada **multiplicidade** e permite saber quantos hidrogênios existem nas ligações vizinhas ao núcleo em questão.

Observe o espectro mostrado na Figura 5.9, a seguir. A molécula 1,1-dicloroetano tem como característica hidrogênios vizinhos a uma distância de três ligações e que não são equivalentes entre si. A essa distância, a orientação dos *spins* nucleares vizinhos afetará o deslocamento químico do sinal, tendo como resultado seu desdobramento. Geralmente, são observados desdobramentos que seguem a ordem **n+1**, podendo-se, assim, identificar o número de hidrogênios vizinhos ao sinal observado.

Na molécula do exemplo a seguir, identificamos inicialmente dois tipos de hidrogênios que experimentam ambientes químicos distintos: um mais desprotegido, com um sinal em aproximadamente 6,0 ppm, e outro mais protegido, próximo a 2 ppm. Observando a estrutura do composto, você já é capaz de perceber que o hidrogênio ligado ao C-1 deve ser o sinal em ~ 6,0 ppm, já que esse carbono está ligado a dois átomos retiradores de elétrons. Você pode verificar se sua atribuição está correta analisando agora a integração relativa dos sinais.

Nesse exemplo, a medida em milímetros não é fornecida, mas com o auxílio de uma régua poderá verificar rapidamente que as áreas correspondem à relação 1:3.

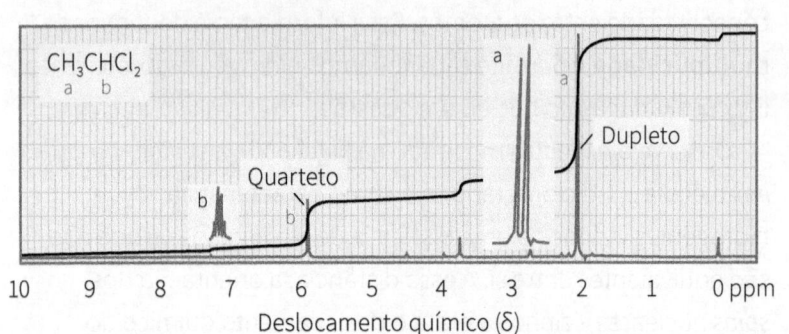

Figura 5.9 – Espectro de RMN de ^{1}H do acetato 1,1-dicloroetano

[Espectro de RMN: CH$_3$CHCl$_2$ com hidrogênios a e b. Sinal em ~2,0 ppm (Dupleto, a) e sinal em ~6,0 ppm (Quarteto, b). Eixo x: Deslocamento químico (δ) de 0 a 10 ppm.]

Fonte: Elaborado com base em Bruice, 2006, p. 540.

Agora, observando as ampliações dos sinais, podemos perceber que o sinal em 2,0 ppm apresenta, na verdade, dois sinais de igual intensidade, formando o que se chama de *dupleto*. Também percebemos que o sinal em ~ 6,0 ppm se desdobra em quatro sinais. Observe que a proporção entre eles é de aproximadamente 1:2:2:1. Sinais com essa multiplicidade são denominados *quartetos*.

Agora, vamos entender como essa multiplicidade é gerada: começaremos pelo sinal em 2,0 ppm atribuído aos hidrogênios *a*. Esses núcleos são todos equivalentes entre si e experimentam o mesmo ambiente químico. Os três hidrogênios sentem, da mesma forma, a influência do núcleo vizinho, que, nesse caso, é 1 hidrogênio – o hidrogênio *b*.

Pela regra de multiplicidade, n+1, em que *n* é o número de núcleos vizinhos, temos que n+1 = 2. Logo, o sinal que será observado para os hidrogênios *a* terão multiplicidade = 2, apresentando-se como dupleto. Analisemos agora o hidrogênio *b*: nesse caso, o núcleo *b* tem três hidrogênios como vizinhos (n = 3). A multiplicidade, então, resulta em n+1 = 4, sendo o sinal observado como quarteto (Figura 5.10).

Figura 5.10 – Desdobramento dos sinais do 1,1-dicloroetano

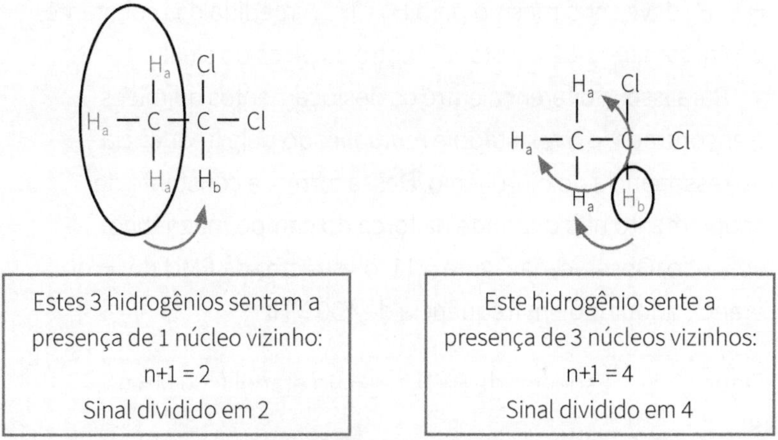

Estes 3 hidrogênios sentem a presença de 1 núcleo vizinho: n+1 = 2 Sinal dividido em 2	Este hidrogênio sente a presença de 3 núcleos vizinhos: n+1 = 4 Sinal dividido em 4

Uma dúvida possível agora é como ter certeza da conectividade entre os átomos, entre tantos sinais presentes em um espectro de RMN de ^1H, apenas pelo desdobramento dos sinais, isto é, como garantir que aquele H_b é realmente vizinho dos três hidrogênios H_a.

Lembre-se de que existem muitos experimentos de RMN que confirmarão a atribuição dos sinais no espectro, especialmente os espectros de correlação em segunda dimensão. Porém, ao explorar todos os dados que o espectro de RMN de ^1H fornece, já é possível propor a estrutura da molécula e, em casos mais simples, com 100% de precisão.

Uma forma de confirmar a conectividade entre os núcleos é confirmar as constantes de acoplamento, representadas pela letra J. Essa constante mede, em hertz (Hz), a magnitude de interação entre os núcleos. Quando dois núcleos interagem entre si, provocando o desdobramento dos sinais, essa constante deve ser a mesma. Isso quer dizer que o valor de J encontrado entre $H_a - H_b$ deve ser o mesmo para $H_b - H_a$. A medida das constantes é feita tomando-se a distância entre os picos do sinal.

Para isso, a diferença entre os deslocamentos químicos é encontrada, e o resultado é multiplicado pela frequência de ressonância do hidrogênio. Dessa forma, a constante de acoplamento não depende da força do campo magnético aplicado. Observe, na Figura 5.11, o espectro de RMN de ^1H do etanol, adquirido em frequência de 400 MHz.

Figura 5.11 – Espectro de RMN de ^1H do etanol (400 MHz)

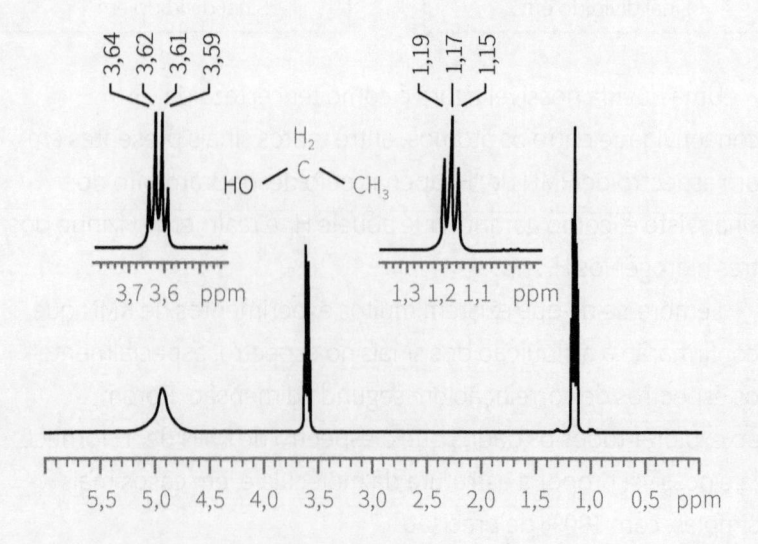

Novamente, nossa interpretação dos sinais inicia pela identificação de três tipos diferentes de hidrogênio: um sinal em aproximadamente 1,0 ppm, outro mais desprotegido, em 3,6 ppm, e um sinal largo próximo a 5,0 ppm. Olhando para a estrutura da molécula do etanol, identificamos que há um hidrogênio ligado diretamente ao oxigênio, dois hidrogênios ligados ao carbono vizinho do oxigênio e, ainda, três hidrogênios ligados ao carbono mais afastado do átomo eletronegativo.

Considerando-se a desproteção (ou desblindagem) que o efeito retirador de elétrons do oxigênio promove nos núcleos de hidrogênio, rapidamente é possível associar o sinal em 5,0 ppm (mais desprotegido) ao hidrogênio da hidroxila. Os dois hidrogênios em torno de 3,6 ppm, portanto, devem ser atribuídos aos hidrogênios metilênicos α-oxigênio e, por fim, há três hidrogênios mais protegidos (e mais distantes do átomo eletronegativo) em cerca de 1,0 ppm. Perceba, agora, a multiplicidade dos sinais: o sinal referente aos hidrogênios metilênicos é observado como um tripleto.

Esses hidrogênios têm, a uma distância de três ligações, dois núcleos vizinhos e, pela regra n+1, é esperada uma multiplicidade de 3. Por outro lado, os hidrogênios metilênicos têm três núcleos de hidrogênio a essa mesma distância e vão exibir o sinal na forma de quarteto (n+1 = 4).

O hidrogênio da hidroxila, apesar de também estar a uma distância de três ligações desses hidrogênios, não participa do desdobramento do sinal. Hidrogênios ligados diretamente aos átomos de O, N ou S dificilmente acoplam com os núcleos vizinhos. Para confirmar essa atribuição, vamos aferir essa conectividade pelas respectivas constantes de acoplamento.

Para isso, é preciso apenas subtrair os valores de deslocamento dos picos do sinal, multiplicando-se o resultado pela frequência de ressonância do hidrogênio.

Dessa forma, a magnitude da constante de acoplamento independe da força do campo magnético em que o experimento é adquirido. Na Figura 5.12, a seguir, são apresentadas as constantes de acoplamento tipicamente observadas por RMN a uma distância de duas ligações (acoplamento geminal), de três ligações (acoplamento vicinal) e a longas distâncias.

Figura 5.12 – Constantes tipicamente observadas em acoplamentos

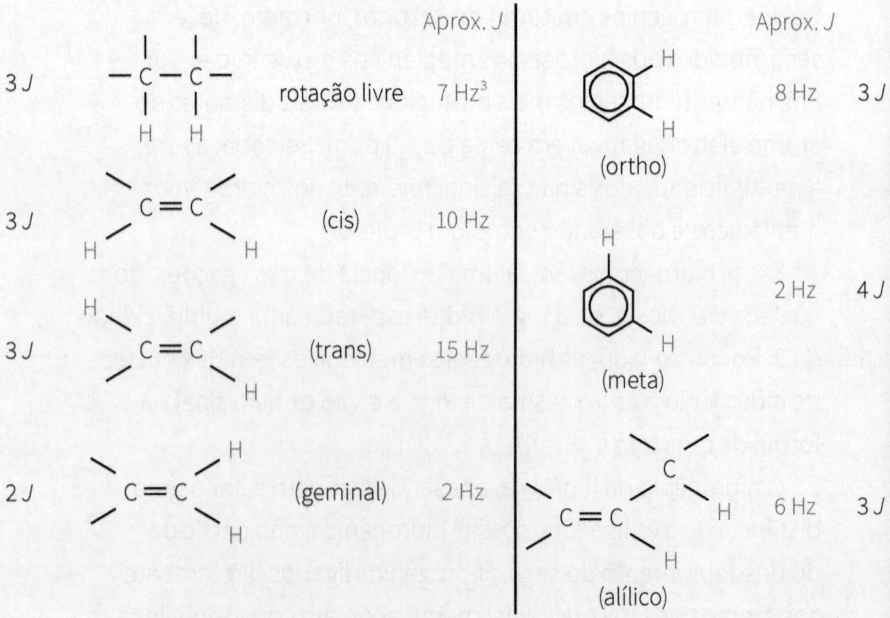

			Aprox. J			Aprox. J	
$3J$	—C—C— (H H)	rotação livre	7 Hz[3]	(ortho)		8 Hz	$3J$
$3J$	C=C (cis)	(cis)	10 Hz				
$3J$	C=C (trans)	(trans)	15 Hz	(meta)		2 Hz	$4J$
$2J$	C=C (H H)	(geminal)	2 Hz	(alílico)		6 Hz	$3J$

Fonte: Elaborado com base em Bruice, 2006, p. 549.

Um resumo do padrão de desdobramento de sinais observados para espectros de primeira ordem é apresentado na Figura 5.13, a seguir. As discussões sobre a razão dos desdobramentos vão além dos objetivos deste livro, assim como as discussões sobre espectros de segunda ordem. Entretanto, com base nessas informações básicas, você será capaz de compreender quais são os tipos de hidrogênios que a molécula apresenta (em função do deslocamento químico), bem como identificar quantos hidrogênios são responsáveis pelo sinal observado (com base na integração relativa dos sinais) e qual é a conexão entre os átomos (com base na multiplicidade e nas constantes de acoplamento dos sinais presentes no espectro).

Figura 5.13 – Alguns exemplos de padrões de desdobramento comum em espectros de primeira ordem

$$X-CH-CH-Y \quad (X \neq Y)$$

$$-CH_2-CH-$$

$$X-CH_2-CH_2-Y \quad (X \neq Y)$$

$$CH_3-CH-$$

$$CH_3-CH_2-$$

$$\begin{Bmatrix} CH_3 \\ CH_3 \end{Bmatrix} CH-$$

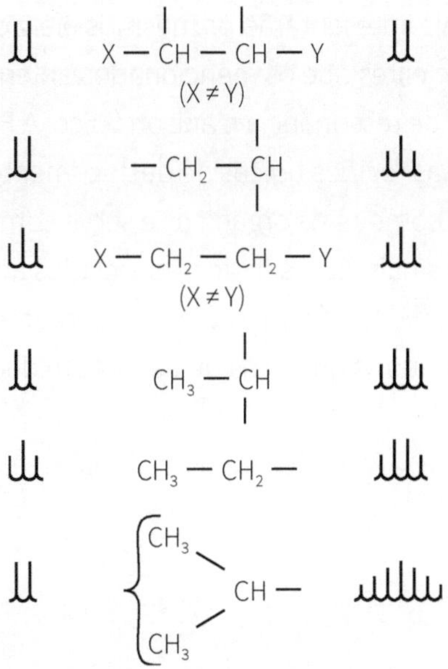

Fonte: Elaborado com base em Pavia et al., 2012, p. 128.

5.3 O espectro de RMN de ^{13}C

Assim como o núcleo de hidrogênio, o isótopo de ^{13}C também é sensível ao fenômeno de ressonância, pois apresenta *spin* nuclear diferente de zero. Contudo, a abundância relativa desse nuclídeo é cerca de 1,08%, além de a constante giromagnética ser 1/4 da constante do hidrogênio, aproximadamente. Isso implica menor frequência de ressonância e, consequentemente, menor excesso populacional de *spins* nucleares no estado de menor energia. Com isso, a sensibilidade do experimento é diminuída, e a detecção dos núcleos para gerar resposta no espectro envolve experimentos com tempos maiores de aquisição.

Da mesma forma que nos espectros de ^{1}H, os deslocamentos químicos para o ^{13}C são atribuídos a partir do sinal de referência. O tetrametilsilano (TMS) é considerado como o zero na escala, e os demais sinais apresentarão os mesmos efeitos de proteção e desproteção nucleares que os mencionados anteriormente: efeitos indutivo, de ressonância e anisotrópico. A Figura 5.14, a seguir, mostra as regiões típicas de deslocamento químico observadas nos compostos orgânicos e serve como base para a atribuição dos sinais. Esses dados, associados aos obtidos nos experimentos de ^{1}H, complementam-se e permitem ao químico confirmar as estruturas químicas presentes em dada amostra.

Figura 5.14 – Quadro de correlação de deslocamentos químicos de ^1H e ^{13}C (os valores de deslocamento são expressos em partes por milhão – ppm)

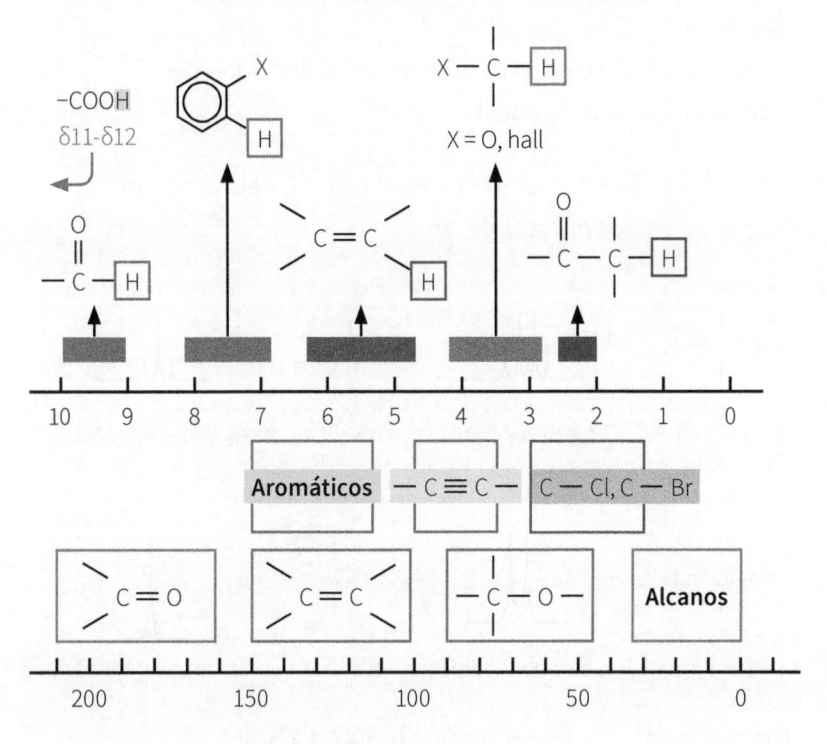

Fonte: Elaborado com base em Pavia et al., 2012, p. 170.

Uma vez que a abundância de ^{13}C é baixa, há uma probabilidade bastante reduzida de haver dois átomos de ^{13}C em ligações adjacentes. Por esse motivo, não observamos acoplamento *spin-spin* homonuclear ^{13}C-^{13}C no espectro. Porém, os *spins* nucleares dos hidrogênios ligados ao ^{13}C interagem com o *spin* nuclear do ^{13}C, em um acoplamento denominado *heteronuclear*.

O desdobramento do sinal observado segue a mesma regra n+1, que, nesse caso, é promovida pela interação do átomo diretamente ligado ao núcleo de ^{13}C, um acoplamento a uma ligação.

A Figura 5.15 ilustra o desdobramento dos sinais de ^{13}C, acoplados aos núcleos de ^1H.

Figura 5.15 – Desdobramento de sinal do ^{13}C pelo acoplamento aos núcleos de ^1H

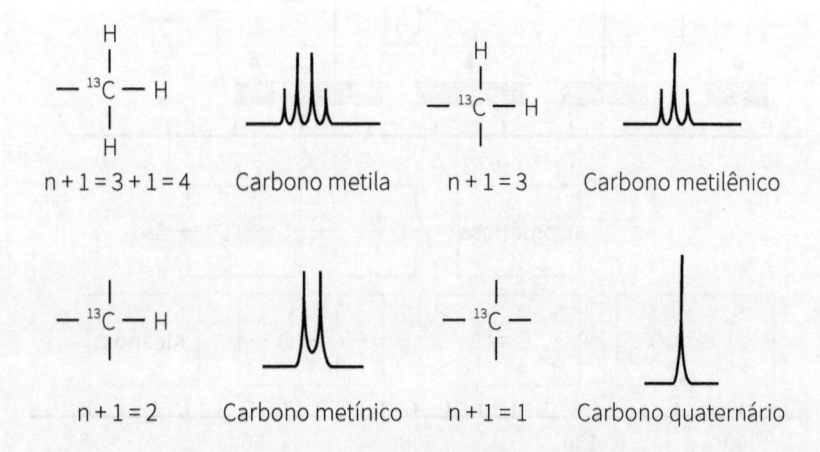

n + 1 = 3 + 1 = 4   Carbono metila   n + 1 = 3   Carbono metilênico

n + 1 = 2   Carbono metínico   n + 1 = 1   Carbono quaternário

Fonte: Elaborado com base em Pavia et al., 2012, p. 174.

Entretanto, para simplificar o espectro e evitar a sobreposição de sinais que dificultariam a identificação dos compostos, os experimentos de RMN de ^{13}C são realizados de maneira a impedir o acoplamento heteronuclear. Esses experimentos são denominados *espectros de RMN de ^{13}C desacoplado de hidrogênio* e apresentarão um sinal único para cada carbono não equivalente da molécula. A Figura 5.16 ilustra dois espectros de ^{13}C – acoplado e desacoplado.

Figura 5.16 – Exemplos de espectros de RMN de ^{13}C acoplado e desacoplado

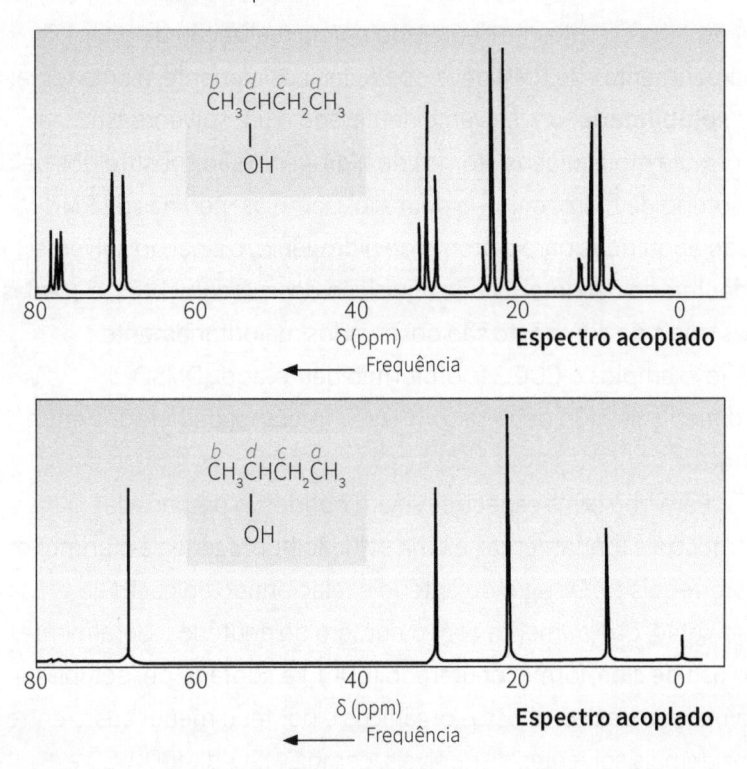

[Espectro acoplado: $CH_3CHCH_2CH_3$ com OH, eixo δ (ppm) de 80 a 0, Frequência]

[Espectro acoplado: $CH_3CHCH_2CH_3$ com OH, eixo δ (ppm) de 80 a 0, Frequência]

Fonte: Elaborado com base em Bruice, 2006, p. 562.

Uma vez que os espectros de RMN de ^{13}C são gerados em sequências de aquisições, acumuladas ao longo do tempo para gerar os espectros, a relação quantitativa pela integração dos sinais não é válida, apesar de utilizada em algumas situações específicas, como na área de polímeros.

5.4 Solventes deuterados

A escolha do solvente deuterado para a realização de experimentos de RMN deve obedecer, basicamente, a uma regra: a **solubilidade**. Um solvente deuterado é um solvente em cuja fórmula molecular os átomos de hidrogênio são substituídos pelo isótopo de hidrogênio – o deutério. Como as medidas de RMN são adquiridas para o átomo de hidrogênio, o sinal do solvente deuterado não interfere na aquisição dos experimentos, e apenas os sinais do composto são observados majoritariamente.
São exemplos o CDCl3 (clorofórmio deuterado), DMSO-d_6 (dimetilsulfóxido deuterado), CD_3OD (metanol deuterado), entre outros.

Para que bons espectros sejam obtidos, o preparo da amostra é fundamental, e uma solução homogênea é o primeiro prerrequisito. O segundo critério é relacionado ao custo do solvente, que aumenta com o número de deutérios. Geralmente, o uso de clorofórmio deuterado ($CDCl_3$) é adotado por solubilizar a maioria dos compostos orgânicos e por ter o menor custo entre os demais solventes disponíveis, como DMSO-d_6, $(CD_3)_2CO$ e CD_3OH.

O uso de solventes deuterados para a realização de experimentos de RMN é necessário para que os sinais do solvente não interfiram na observação dos sinais de interesse. Isso porque o núcleo de deutério (^2H) apresenta frequências de ressonância diferentes de hidrogênio, razão pela qual não é observado no espectro de RMN de ^1H. Se um solvente não deuterado for utilizado no preparo da solução, os hidrogênios do solvente serão os núcleos mais abundantes e suprimirão os sinais do composto em estudo. No entanto, nenhum solvente é 100% deuterado, e um sinal residual do solvente não deuterado é observado no espectro. Para o clorofórmio, por exemplo, esse sinal é observado em torno de 7,24 ppm, na forma de um simpleto.

Nos experimentos de ^{13}C desacoplados de hidrogênio, a saturação do sinal de ^{1}H inibe a interação *spin-spin* heteronuclear. Entretanto, como o deutério apresenta frequência de ressonância diferente da frequência do hidrogênio, ele não é desacoplado. Como resultado, haverá desdobramento do sinal de ^{13}C ligado ao átomo de ^{2}H.

O deutério apresenta *spin* = 1, podendo adotar três estados de *spin* diferentes em energia ($2I + 1 = 3$): −1, 0 e +1. Em uma solução de $CDCl_3$, a interação entre o *spin* nuclear de ^{13}C tem a mesma probabilidade de interagir com cada um desses estados, gerando um sinal desdobrado em três picos, de intensidade 1:1:1. Por esse motivo, nos espectros de RMN de ^{13}C adquiridos em soluções de $CDCl_3$, um multipleto de três sinais é observado, centrado em aproximadamente 77 ppm. A multiplicidade para o núcleo ^{2}H obedece à regra **2nI + 1**. A Figura 5.17 apresenta os sinais observados em RMN de ^{13}C para os solventes comumente empregados.

Figura 5.17 – Sinais observados em RMN de ^{13}C para os principais solventes

a. Clorofórmio-d,
   $CDCl_3$
   $2 \cdot 1 \cdot 1 + 1 = 3$
b. Dimetilsulfóxido-d_6
   $CD_3-SO-CD_3$
   $2 \cdot 3 \cdot 1 + 1 = 7$
c. Acetona-d_6
   $CD_3-CO-CD_3$
   29,8   206
   $2 \cdot 3 \cdot 1 + 1 = 7$
   $CD_3-CO-CD_2$
   $2 \cdot 2 \cdot 1 + 1 = 5$

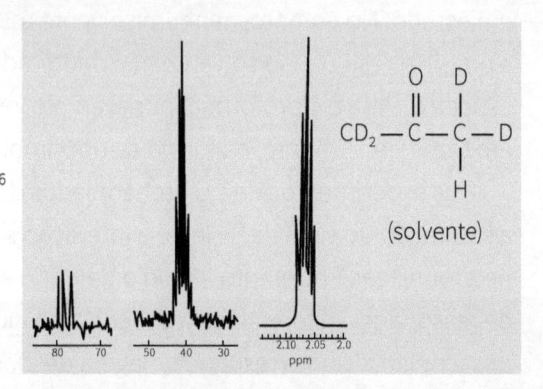

Fonte: Elaborado com base em Pavia et al., 2012, p. 191-197.

Para saber mais

- Assista a um vídeo da Royal Chemical Society sobre os princípios básicos da RMN. Disponível em: <https://www.youtube.com/watch?v=uNM801B9Y84>. Acesso em: 15 fev. 2021.
- O professor e químico Dr. Joseph P. Hornak disponibiliza em seu *site* materiais suplementares e ilustrativos sobre a técnica. Disponível em: <www.cis.rit.edu/htbooks/nmr>. Acesso em: 15 fev. 2021.

- O *site* WebSpectra, mantido em conjunto pela Universidade de Cambridge e pela Universidade da Califórnia em Los Angeles (Ucla), apresenta problemas de RMN e IV para interpretação. Além disso, outros *links* de acesso a *sites* são disponibilizados. Disponível em: <http://www.chem.ucla.edu/~webnmr/index.html>. Acesso em: 15 fev. 2021.

Síntese

Neste capítulo, abordamos os conceitos fundamentais para o entendimento do fenômeno de ressonância magnética nuclear (RMN). Mostramos que alguns núcleos apresentam propriedades magnéticas, comportando-se como pequenos ímãs, e que essa propriedade os torna sensíveis ao fenômeno de precessão em frequências características de cada nuclídeo.

Vimos também que, por meio da RMN, informações qualitativas e quantitativas podem ser obtidas pelo mesmo experimento, cujas características de deslocamento químico e multiplicidade fornecem informações únicas para a identificação de compostos orgânicos.

Atividades de autoavaliação

1. Assinale a alternativa que apresenta uma fórmula estrutural compatível com o espectro observado a seguir:

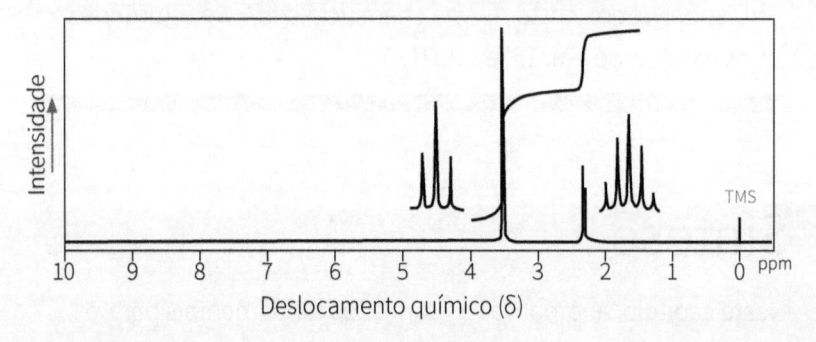

   a) $C_3H_6Br_2$.
   b) C_2H_6O.
   c) $C_3H_6Cl_2$.
   d) C_6H_{12}.
   e) C_4H_6.

2. O composto cujo espectro de RMN de ^1H é reproduzido a seguir tem a fórmula molecular $C_4H_7O_2Cl$ e um pico de absorção no infravermelho em 1 740 cm^{-1}. Assinale a alternativa que apresenta a estrutura correta:

a) Cl–CH₂–C(=O)–OEt

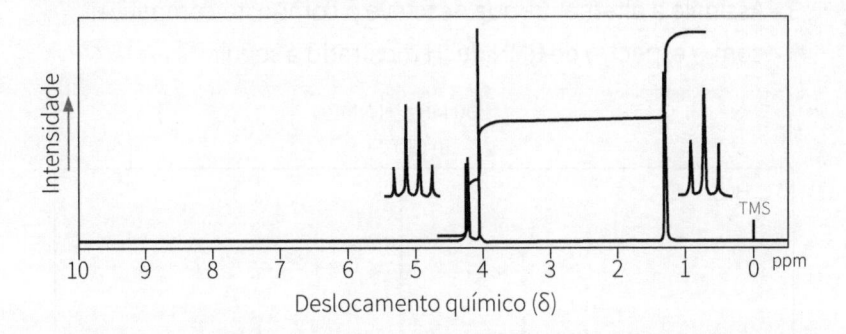

b) (CH₃)₂CH–C(=O)–CH₃

c) H₂C=C(Br)(CH₃) (with H, H on one carbon; CH₃ and Br on the other)

d) Br–CH₂–CH₂–CH₂–Br

e) CH₃–CH(Br)–C(=O)–OH

3. Assinale a alternativa que descreve o composto compatível com o espectro de RMN de ^{1}H mostrado a seguir:

300 MHz ^{1}H NMR
In CDCl3

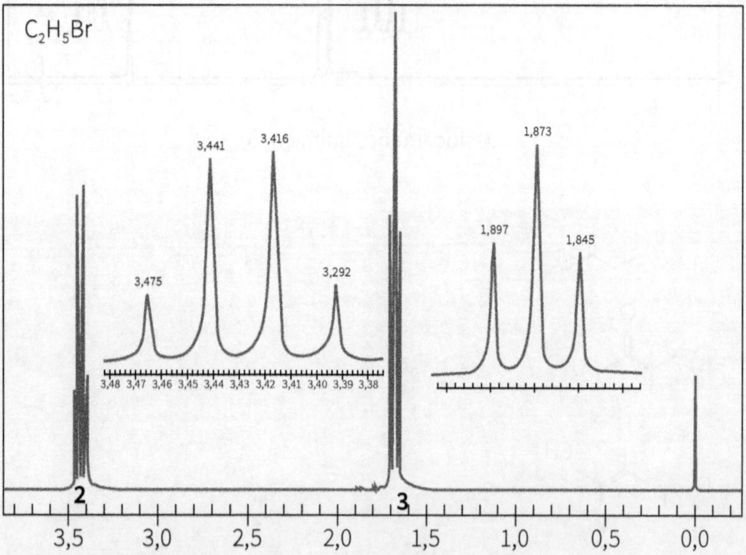

a) 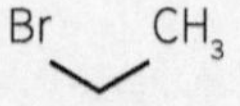

b) 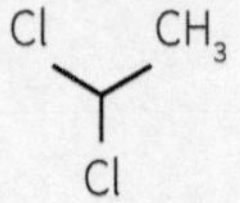

c) 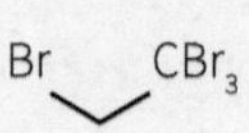

d) 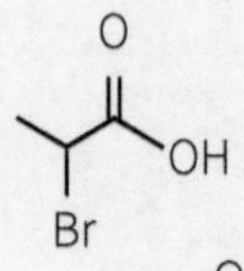

e) 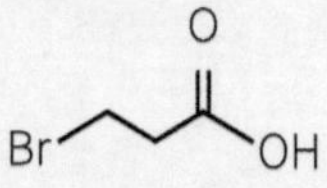

4. Seguindo o mesmo raciocínio do exercício anterior, assinale a alternativa cujo composto é compatível com o espectro de RMN de ^1H apresentado:

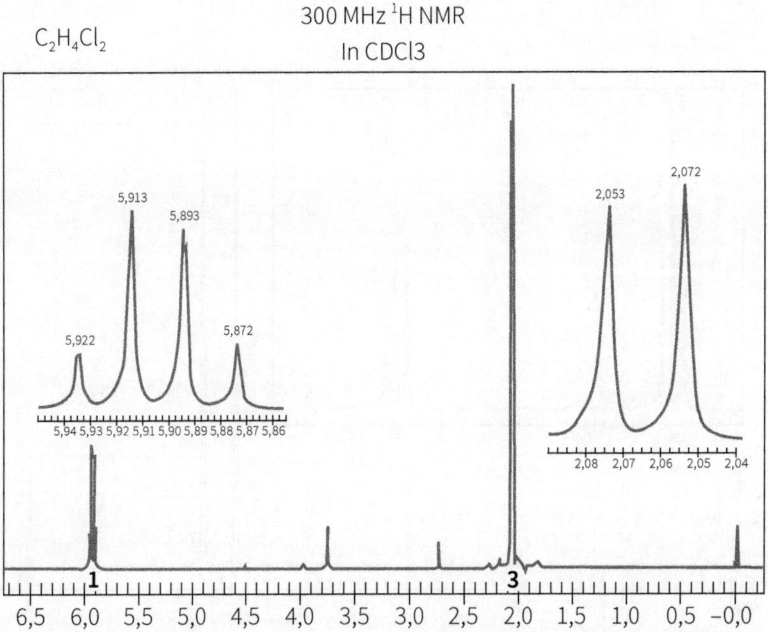

a) 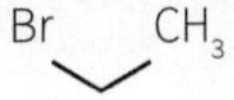

b) 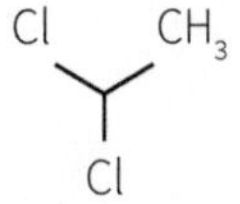

c) 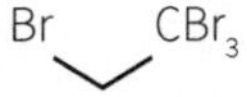

d) 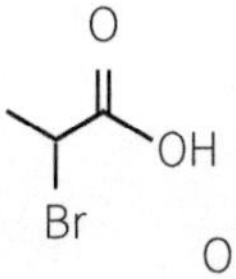

e) 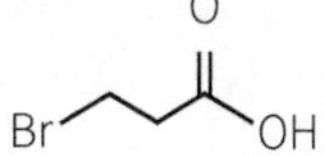

5. Assinale a alternativa que descreve corretamente o composto compatível com o espectro de RMN de ¹H apresentado a seguir, conforme o modelo dos exercícios anteriores:

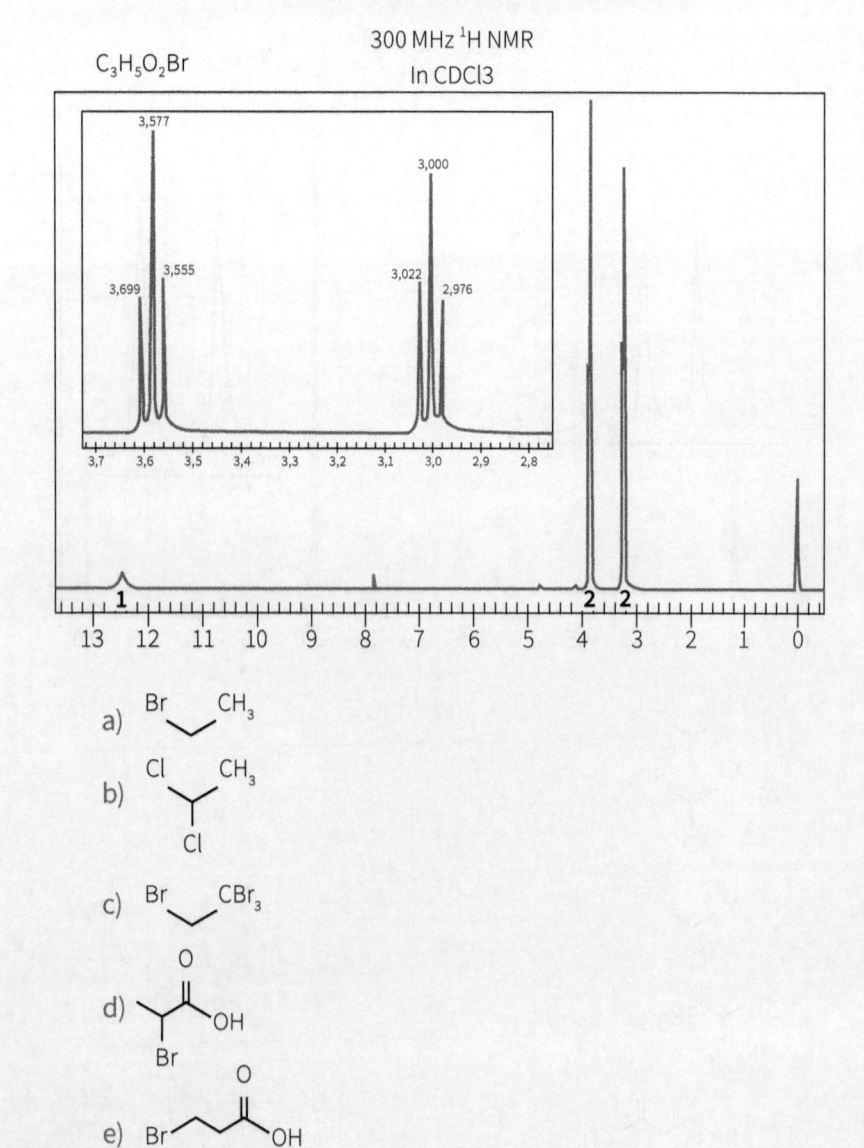

$C_3H_5O_2Br$

300 MHz ^{1}H NMR
In CDCl3

a) Br–CH₂–CH₂–CH₃ (Br CH₃)

b) Cl₂CH–CH₃ (Cl, Cl, CH₃)

c) Br–CH₂–CBr₃

d) CH₃–CH(Br)–C(=O)–OH

e) Br–CH₂–CH₂–C(=O)–OH

6. Seguindo o mesmo raciocínio do exercício anterior, assinale o composto compatível com o espectro de RMN de ¹H apresentado:

300 MHz ¹H NMR
In CDCl3

$C_3H_5O_2Br$

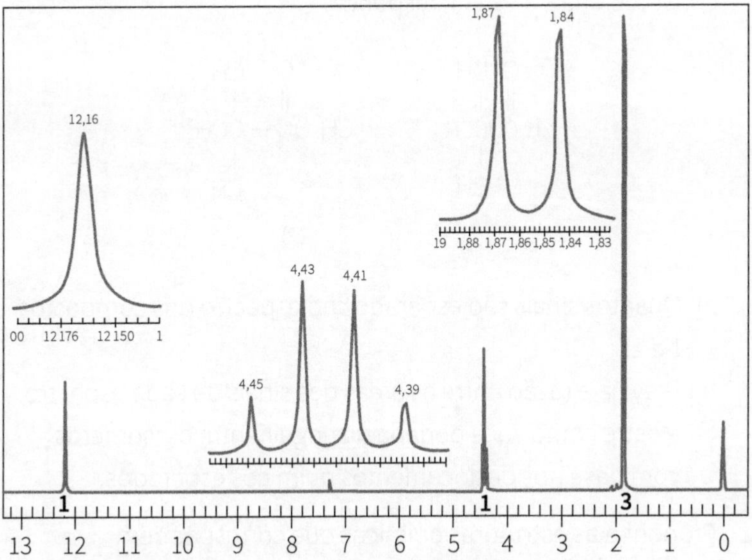

a) 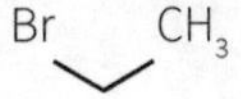

b) 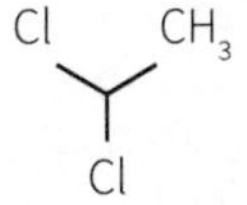

c) 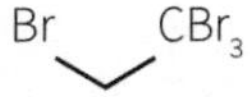

d) 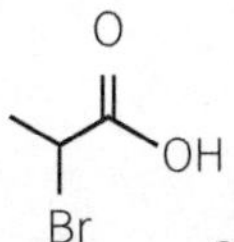

e) 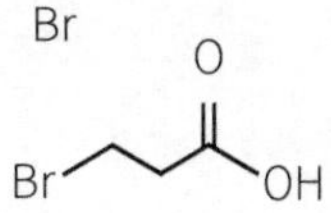

Atividades de aprendizagem
Questões para reflexão

1. Com base nas fórmulas estruturais dos isômeros constitucionais a seguir, responda:

$$\underset{(1)}{\underset{\underset{CH_3}{|}}{CH_3COCCH_3}\overset{\overset{O}{\|}}{}\overset{CH_3}{|}} \qquad \underset{(2)}{\underset{\underset{CH_3}{|}}{CH_3OC-CCH_3}\overset{\overset{O}{\|}}{}\overset{CH_3}{|}}$$

a) Quantos sinais são esperados no espectro dos compostos 1 e 2?
b) Preveja a razão entre as áreas dos sinais de cada espectro.
c) Mostre como você poderia distinguir entre os isômeros com base nos deslocamentos químicos esperados.

2. Proponha as estruturas químicas que correspondem aos seguintes dados de RMN de ^1H:

a) $C_5H_{10}O$
   δ 0,95 (6 H, dupleto, J = 7 Hz)
   δ 2,10 (3 H, simpleto)
   δ 2,43 (1 H, multipleto)

b) C_3H_5Br
   δ 2,32 (3 H, simpleto)
   δ 5,35 (1 H, simpleto)
   δ 5,54 (1 H, simpleto largo)

Atividades aplicadas: prática

1. A ressonância magnética de imagem é uma técnica amplamente utilizada para o diagnóstico de doenças na medicina. Faça uma pesquisa sobre o histórico de seu desenvolvimento e trace um paralelo com a RMN, destacando as semelhanças entre as duas aplicações do fenômeno.

2. A RMN, desde os primórdios, é uma das áreas da ciência que envolvem o trabalho conjunto de cientistas de diversas áreas do conhecimento. Esses esforços levaram à consolidação da técnica e sua ampla difusão, reconhecida nos numerosos laureados com o Prêmio Nobel em virtude de sua contribuição à ciência. Pesquise sobre os estudiosos da área de RMN ao longo do tempo, observando as áreas de atuação de cada pesquisador.

Considerações finais

Neste livro, a abordagem sobre o uso de ferramentas espectroscópicas para a identificação de compostos orgânicos teve como objetivo oferecer uma leitura descomplicada, buscando-se esclarecer como se pode explorar a interação entre matéria e energia, que promove o fenômeno físico responsável pelas observações de cada técnica.

No Capítulo 1, apresentamos conceitos fundamentais, como onda, frequência e energia. Os conceitos de cada técnica – ultravioleta, infravermelho, ressonância magnética nuclear e espectrometria de massas – foram descritos de forma integrada e com exemplos de aplicações práticas, destacando-se para o leitor a contextualização e a relevância dos experimentos.

No Capítulo 2, abordamos a espectroscopia no ultravioleta e visível, examinando as transições eletrônicas à luz das características das ligações químicas que constituem as moléculas, bem como os fatores estruturais que influenciam essas transições. Vimos que os grupos cromóforos são os grupos funcionais que respondem ao ultravioleta e que, pela lei de Beer-Lambert, é possível calcular a concentração dos compostos em solução.

No Capítulo 3, o tema foi a espectroscopia no infravermelho, muito utilizada na identificação de grupos funcionais presentes em moléculas orgânicas. Nesse caso, a energia envolvida nessa faixa de comprimento de onda promove ampliações no modo de vibração das ligações químicas. De acordo com as características dessas ligações, força e tipo de átomos envolvidos, bandas de absorção específicas serão observadas em diferentes números de onda no espectro. Tanto a posição das bandas quanto seu formato e intensidade fornecem informações importantes sobre a estrutura molecular analisada, que podem ser exploradas qualitativa e quantitativamente.

A espectrometria de massas foi tema do Capítulo 4, no qual vimos que a fragmentação (quebra) das ligações químicas leva à formação de íons carregados e que apresentam diferentes massas. A preferência nas posições de fragmentação é estudada como forma de elucidar estruturas químicas e obedece ao que conhecemos em termos de estabilização de espécies carregadas. A geração dos íons, ou ionização, pode se dar de diferentes formas, como ionização por impacto de elétrons, ionização química ou ionização por *electrospray*. A partir desse primeiro evento, os íons formados são separados no analisador de massas, como os analisadores do tipo quadrupolo ou por tempo de voo. Conforme a massa do fragmento formado e a estabilidade das espécies, a chegada no detector será diferente para cada íon, gerando gráficos que expressam a abundância relativa em função da massa e da carga (m/z).

No Capítulo 5, abordamos a ressonância magnética nuclear (RMN) e mostramos como a radiação eletromagnética na faixa de comprimento de onda compatível com as ondas de rádio pode ser muito útil na elucidação estrutural de moléculas orgânicas. Vimos que a transição de *spins* nucleares é responsável pela observação do fenômeno de ressonância, que fornece, em um único experimento, informações qualitativas e quantitativas pelo deslocamento químico, multiplicidade e área relativa dos sinais observados nos espectros. Também observamos que, apesar de muitos núcleos apresentarem a propriedade de *spin* nuclear, os nuclídeos de ^{1}H e de ^{13}C são os mais explorados.

Com este livro, buscamos instigar a curiosidade do leitor e auxiliar em sua formação técnico-científica, contextualizando os conceitos teóricos por meio de exemplos práticos e aplicados no cotidiano, de modo a evidenciar a importância da espectroscopia em diversos campos da ciência.

Referências

ACS – American Chemical Society. **Eletromagnetic Spectrum**. 2 Dec. 2019. Disponível em: <https://www.acs.org/content/acs/en/education/resources/undergraduate/chemistryincontext/interactives/radiation-from-sun/electromagnetic-spectrum.html>. Acesso em: 15 fev. 2021.

BEATRIZ, A.; LACERDA JUNIOR., V. **Fundamentos de espectrometria e aplicações**. Rio de Janeiro: Atheneu, 2018. (Série Química: Ciência e Tecnologia).

BRITO, S. H. B. O espectro eletromagnético na natureza. **Blog LabCisco**, 5 mar. 2013. Disponível em: <http://labcisco.blogspot.com/2013/03/o-espectro-eletromagnetico-na-natureza.html>. Acesso em: 15 fev. 2021.

BRUICE, P. Y. **Química orgânica**. 4. ed. São Paulo: Pearson Education do Brasil, 2006.

CLAYDEN, J.; GREEVES, N.; WARREN, S. **Organic Chemistry**. 2. ed. New York: Oxford University Press, 2012.

FOKOUE, H. H. et al. Fragmentation Pattern of Amides by EI and HRESI: Study of Protonation Sites Using DFT-3LYP. **RSC Advances**, n. 8, p. 21407–21413, 2018. Disponível em: <https://pubs.rsc.org/en/content/articlelanding/2018/ra/c7ra00408g#!divAbstract>. Acesso em: 15 fev. 2021.

GATES, P. J. Atmospheric Pressure Chemical Ionisation (APCI). **School of Chemistry**, Mass Spectrometry Facility, University of Bristol, 17 June 2014a. Disponível em: <http://www.chm.bris.ac.uk/ms/apci-ionisation.xhtml>. Acesso em: 15 fev. 2021.

GATES, P. J. Chemical Ionisation (CI). **School of Chemistry**, Mass Spectrometry Facility, University of Bristol, 17 June 2014b. Disponível em: <http://www.chm.bris.ac.uk/ms/ci-ionisation.xhtml>. Acesso em: 15 fev. 2021.

GATES, P. J. Electron Ionisation (EI). **School of chemistry**, Mass Spectrometry Facility, University of Bristol, 17 June 2014c. Disponível em: <http://www.chm.bris.ac.uk/ms/ei-ionisation.xhtml>. Acesso em: 15 fev. 2021.

GATES, P. J. Electrospray Ionisation (ESI). **School of Chemistry**, Mass Spectrometry Facility, University of Bristol, 17 June 2014d. Disponível em: <http://www.chm.bris.ac.uk/ms/esi-ionisation.xhtml>. Acesso em: 15 fev. 2021.

GATES, P. J. Matrix-assisted Laser Desorption/Ionisation (MALDI). **School of Chemistry**, Mass Spectrometry Facility, University of Bristol, 17 June 2014e. Disponível em: <http://www.chm.bris.ac.uk/ms/maldi-ionisation.xhtml>. Acesso em: 15 fev. 2021.

GATES, P. J. Quadrupole Mass Analysis. **School of Chemistry**, Mass Spectrometry Facility, University of Bristol, 19 June 2014f. Disponível em: <http://www.chm.bris.ac.uk/ms/quadrupole.xhtml>. Acesso em: 15 fev. 2021.

GATES, P. J. Time-of-Flight (TOF) Analysis. **School of Chemistry**, Mass Spectrometry Facility, University of Bristol, 19 June 2014g. Disponível em: <http://www.chm.bris.ac.uk/ms/tof.xhtml>. Acesso em: 15 fev. 2021.

GROSS, J. H. **Mass Spectrometry**: a Textbook. Berlim: Springer-Verlag, 2004.

IUPAC – International Union of Pure and Applied Chemistry. **Compendium of Chemical Terminology**. 2. ed. Compiled by A. D. McNaught and A. Wilkinson. Oxford: Blackwell Scientific Publications, 1997. Online version (2019). Disponível em: <https://doi.org/10.1351/goldbook>. Acesso em: 15 fev. 2021.

NACHTIGALL, F. M. et al. Detection of SARS-CoV-2 in Nasal Swabs Using MALDI-MS. **Nature Biotechnology**, v. 38, p. 1168-1173, Oct. 2020. Disponível em: <https://doi.org/10.1038/s41587-020-0644-7>. Acesso em: 15 fev. 2021.

NAYLER, P.; WHITING, M. C. Researches on Polyenes. Part III. The Synthesis and Light Absorption of Dimethylpolyenes. **Journal of the Chemical Society**, p. 3037-3047, 1955.

PAVIA, D. L. et al. **Introdução à espectroscopia**. São Paulo: Cengage Learning, 2012.

SAMPLE SUBMISSION. **University of Bristol**. Disponível em: <http://www.chm.bris.ac.uk/ms/submission.xhtml>. Acesso em: 15 fev. 2021.

SHIMADZU DO BRASIL. **IRAffinity-1**: espectrofotômetro de FTIR. Imagem. Disponível em: <https://www.shimadzu.com.br/analitica/produtos/spectro/ftir/iraffinity-1.shtml>. Acesso em: 15 fev. 2021.

SILVERSTEIN, R. M. et al. **Identificação espectrométrica de compostos orgânicos**. 5. ed. Rio de Janeiro: Guanabara-Koogan, 1994.

THE ROYAL SOCIETY OF CHEMISTRY. **Modern Chemical Techniques**. Disponível em: <https://edu.rsc.org/download?ac=13851>. Acesso em: 15 fev. 2021.

VITRINE TECNOLÓGICA. Universidade Federal do Paraná. Setor de Ciência Exatas. Disponível em: <http://www.vitrinetecnologica.ufpr.br>. Acesso em: 15 fev. 2021.

WILLIAMS, D. H.; FLEMING, L. **Spectroscopic Methods in Organic Chemistry**. 6. ed. London: McGraw Hill, 1997.

XIA, Z.; NI, Y.; KOKOT, S. Simultaneous Determination of Caffeine, Theophylline and Theobromine in Food Samples by a Kinetic Spectrophotometric Method. **Food Chemistry**, v. 14, n. 4, p. 4087-4093, 15 Dec. 2013.

ZUBAREV, R. A.; MAKAROV, A. Orbitrap Mass Spectrometry. **Analytical Chemistry**, v. 85, n. 11, p. 5288-5296, 16 Apr. 2013. Disponível em: <https://pubs.acs.org/doi/pdf/10.1021/ac4001223>. Acesso em: 15 fev. 2021.

Bibliografia comentada

BARBOSA, L. C. de A. **Espectroscopia no infravermelho na caracterização de compostos orgânicos**. Viçosa: Ed. UFV, 2007.

Esse livro aborda diversos aspectos da espectroscopia no infravermelho, desde fundamentação teórica, instrumentação e preparo de amostras, além da clássica interpretação e análise de grupos funcionais. De leitura fácil, é um excelente material de apoio para aprofundar os conhecimentos sobre a técnica.

BRUICE, P. **Química orgânica**. 4. ed. São Paulo: Pearson Education do Brasil, 2006.

Esse é um livro-texto básico, que enfoca os conteúdos clássicos com uma abordagem excepcionalmente didática, além de muito bem ilustrado com exemplos contextualizados ao longo de cada capítuo. Os capítulos dedicados ao estudo das ferramentas espectroscópicas também recebem um tratamento bastante didático.

DUCKETT, S.; GILBERT, B.; COCKETT, M. **Foundations of Molecular Structure Determination**. Oxford: Oxford University Press, 2000.

Esse livro é um dos exemplares que compõem a clássica série publicada pela Oxford University Press, cuja abordagem é conhecida por ser de leitura fácil, explorando com excelência textual e ilustrativa os conceitos inerentes às temáticas dos volumes. Nesse exemplar, as ferramentas de análise para determinação de estruturas moleculares são descritas com riqueza de detalhes. É uma leitura indispensável para quem busca complementar a formação técnico-científica.

GROSS, J. H. **Mass Spectrometry**: a Textbook. Berlim: Springer-Verlag, 2004.

Nesse material, o leitor encontrará uma bibliografia dedicada exclusivamente à espectrometria de massas, com discussões acerca do funcionamento e da construção dos espectrômetros e das formas de fragmentação típicas para cada classe de compostos. Os espectros apresentados são comentados e fartamente discutidos para que a relação entre os fundamentos químicos e físicos sejam consolidados com as observações experimentais, o que torna a leitura dessa obra uma fonte rica e sólida sobre a técnica.

PAVIA, D. L. et al. **Introdução à espectroscopia**. 4. ed. Belmont: Brooks/Cole, 2010.

Esse é um dos principais livros-texto para estudo de ferramentas espectroscópicas, que explora com excelência os conceitos de técnicas espectroscópicas. Os exercícios, excelentes para quem deseja reforçar os conhecimentos na área, estão organizados ao final de cada capítulo e, de forma combinada, em um capítulo especial dedicado à complementação das informações de cada experimento para a identificação dos compostos. Trata-se de uma fonte bibliográfica fundamental para quem busca compreender o uso das ferramentas espectroscópicas no estudo de moléculas orgânicas.

Respostas

Capítulo 1
Atividades de autoavaliação
1. a
2. e
3. b
4. c
5. d

Capítulo 2
Atividades de autoavaliação
1. d
2. b
3. b
4. e
5. a

Capítulo 3
Atividades de autoavaliação
1. a
2. b

3. d

4. c

5. d

Capítulo 4

Atividades de autoavaliação

1. a
2. a
3. c
4. d
5. d

Capítulo 5

Atividades de autoavaliação

1. a
2. a
3. a
4. b
5. e
6. d

Sobre a autora

Caroline Da Ros Montes D'Oca é doutora (2015) em Química pela Universidade Federal do Rio Grande do Sul (UFRGS) e mestre (2010) em Química Tecnológica e Ambiental pela mesma universidade. Cursou licenciatura (2007) em Química na Universidade Regional do Noroeste do Estado do Rio Grande do Sul (Unijuí). Atuou como química da Escola de Química e Alimentos da UFRGS, no período de 2015-2018, no Centro Integrado de Análises, trabalhando, principalmente, com técnicas de ressonância magnética nuclear e espectrometria de massas. Atualmente, é docente do Departamento de Química da Universidade Federal do Paraná (UFPR), vinculada ao Programa de Pós-Graduação em Química, com interesse nas áreas de síntese orgânica e química medicinal, ressonância magnética nuclear e química forense. Seus trabalhos envolvem, principalmente, o uso de ácidos graxos para a produção de compostos derivados de Ugi e Passerini graxos, amidas, aminoácidos e compostos heterocíclicos nitrogenados graxos voltados a aplicações biológicas e tecnológicas.

Os papéis utilizados neste livro, certificados por instituições ambientais competentes, são recicláveis, provenientes de fontes renováveis e, portanto, um meio responsável e natural de informação e conhecimento.

FSC
www.fsc.org
MISTO
Papel produzido
a partir de
fontes responsáveis
FSC® C103535

Impressão: Reproset
Julho/2021